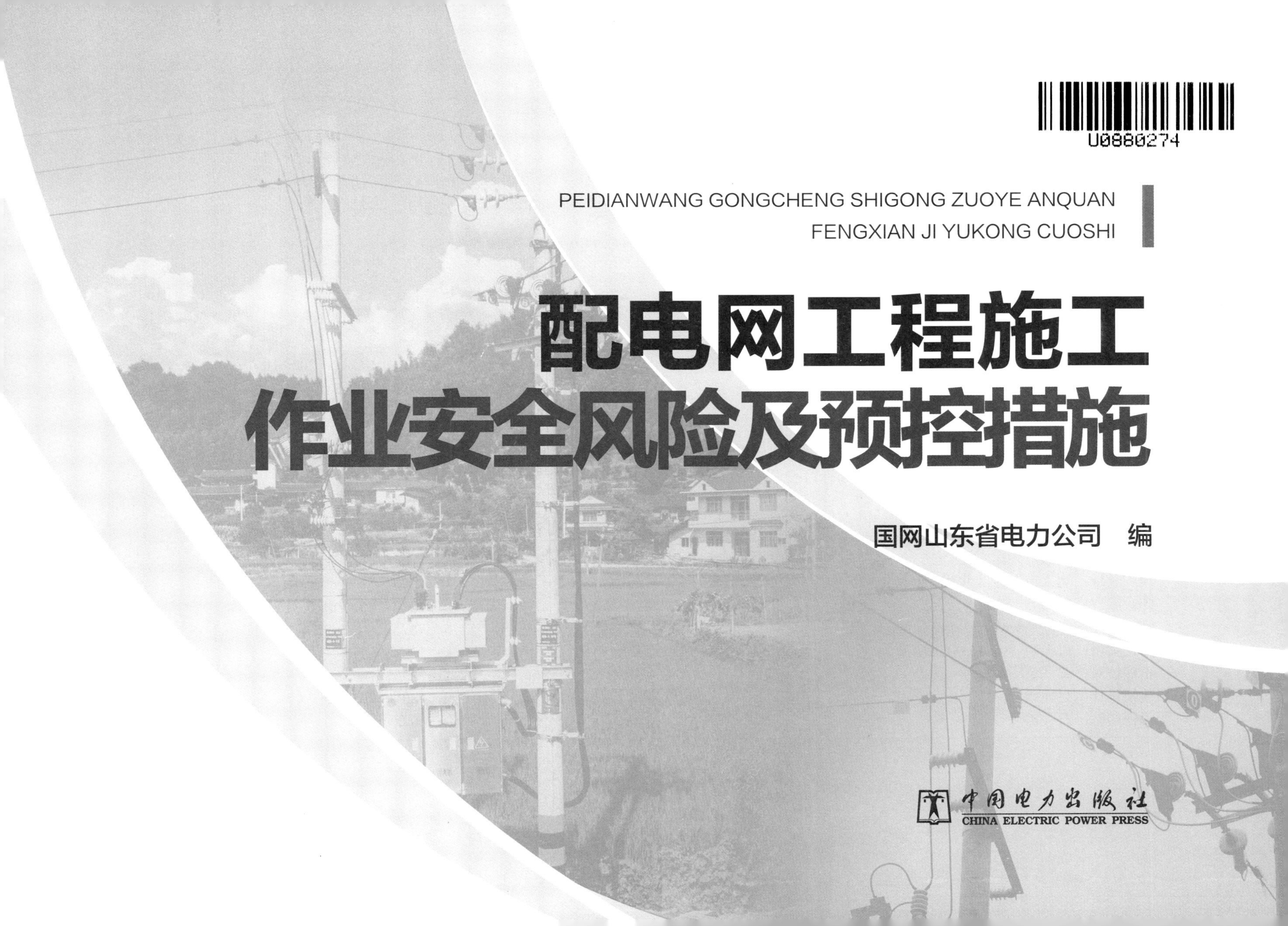

PEIDIANWANG GONGCHENG SHIGONG ZUOYE ANQUAN
FENGXIAN JI YUKONG CUOSHI

配电网工程施工
作业安全风险及预控措施

国网山东省电力公司　编

中国电力出版社
CHINA ELECTRIC POWER PRESS

内 容 提 要

为指导配电网工程现场作业人员安全施工，国网山东省电力公司编写了《配电网工程施工作业安全风险及预控措施》。

本书共分 4 章，包括 10kV 线路工程、10kV 配电变台及 220/380V 配电网工程、10kV 配电站房工程、设备材料运输，重点对人身、设备和作业环境中可能存在的各种作业风险点进行了辨识性分析，并提出了预控措施。

本书可作为配电网工程施工作业人员安全技能培训教材，也可作为工程管理人员和监理人员的工具书。

图书在版编目（CIP）数据

配电网工程施工作业安全风险及预控措施 / 国网山东省电力公司编．—北京：中国电力出版社，2020.10（2022.6重印）

ISBN 978-7-5198-4968-9

Ⅰ.①配… Ⅱ.①国… Ⅲ.①配电系统–电力工程–工程施工–安全管理 Ⅳ.①TM727

中国版本图书馆 CIP 数据核字（2020）第 178138 号

出版发行：中国电力出版社	印　　刷：三河市百盛印装有限公司
地　　址：北京市东城区北京站西街 19 号	版　　次：2020 年 10 月第一版
邮政编码：100005	印　　次：2022 年 6 月北京第四次印刷
网　　址：http://www.cepp.sgcc.com.cn	开　　本：787 毫米×1092 毫米　横 16 开本
责任编辑：肖　敏（010-63412363）	印　　张：12.25
责任校对：黄　蓓　郝军燕	字　　数：283 千字
装帧设计：赵姗姗	印　　数：9801—10800册
责任印制：石　雷	定　　价：60.00 元

《配电网工程施工作业安全风险及预控措施》
编　委　会

主　　任　刘伟生

副 主 任　李猷民　文　艳

委　　员　孟海磊　董　啸　刘明林　赵辰宇　李　强

主　　编　孟海磊

副 主 编　董　啸

编写人员　李　强　任敬飞　张延峰　朱　强　张　阳　徐希武　姜文龙

李　富　郭　源　高文举　左新斌　房　牧　李建修　黄明洁

戴建强　李立强　赵　辉　杨　超　王守礼　徐　辉　崔乐乐

李佳萍　周其朋　桑　田　林隆洲　杜　琰　陈鹏鹏　陆　鹏

王治国　刘军青　程海斌　王乃德　于学新　陈　陶　万福栋

刘刚刚　范晓明

前　言

推进配电网标准化建设是全面落实习近平新时代中国特色社会主义思想、贯彻执行具有中国特色国际领先的能源互联网企业的建设目标、服务全面建成小康社会的必然要求。近年来，国家持续加大对配电网工程的投资，解决配电网存在的各类隐患，消除低电压、“卡脖子”、可靠性低等问题，满足人民群众的用电需求。

为提升配电网工程现场安全作业水平，保障人身、电网、设备安全，针对配电网工程特点和施工作业人员业务素质参差不齐的现状，以及作业人员执行《国家电网公司电力安全工作规程（配电部分）（试行）》不彻底等情况，国网山东省电力公司根据配电网建设专业典型生产作业风险定级规定，将风险内容和风险定级进行整理，划分出配电网风险定级分类，制订有效预控措施，防范各类事故的发生。国网山东省电力公司依据工作实践和广泛的调查研究编写了《配电网工程施工作业安全风险及预控措施》，指导配电网工程现场作业人员安全施工，助力安全管控能力提升。

本书共分 4 章，包括 10kV 线路工程、10kV 配电变台及 220/380V 配电网工程、10kV 配电站房工程、设备材料运输，重点对人身、设备和作业环境中可能存在的各种作业风险点进行了全面、具体、详细、针对性强的辨识性分析，并提出了行之有效的预控措施。

本书针对各类配电网工程建设人员在现场作业中存在的不安全行为、电气设施存在的不安全状态、作业现场存在的不安全因素、作业环境存在的各类风险，明确配电网工程施工现场安全作业应当“防什么风险、怎么防风险”的具体内容，提高配电网工程现场工作人员作业风险辨识能力，强化作业风险控制手段，实现安全生产“可控、在控、能控”。同时，由于作业内容、区域、环境不同，同一类作业风险的风险等级也可能不同，在实际应用中要根据具体情况明确风险等级，制订切实可行的防控措施。本书可作为配电网工程施工作业人员安全技能培训教材，也可作为工程管理人员和监理人员的工具书。

本书在编写过程中得到了国网临沂供电公司、国网潍坊供电公司、国网泰安供电公司、国网昌邑市供电公司、国网肥城市供电公司、国网郯城县供电公司和国网平原县供电公司等单位的支持和帮助，在此表示真挚的感谢。

由于时间仓促和作者能力有限，书中难免存在疏漏之处，恳请各位专家和读者提出宝贵意见。本书内容若与上级单位最新有关要求和制度相悖，以上级单位要求和制度为准。

编　者

2020 年 9 月

目　录

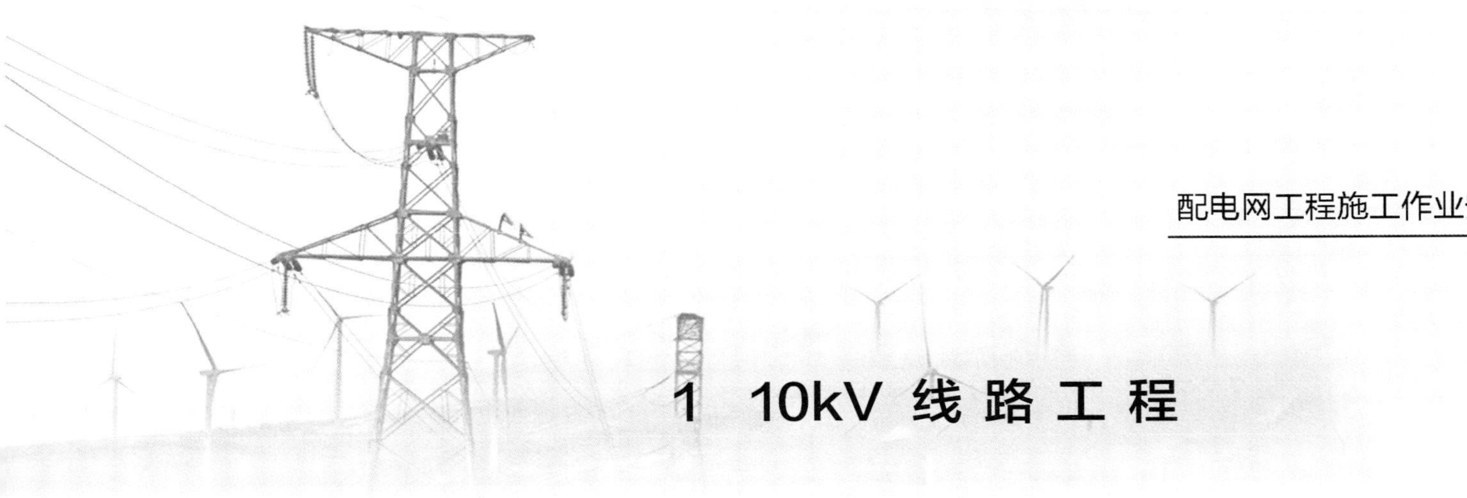

1 10kV 线路工程

1.1 新建 10kV 架空线路工程

新建 10kV 架空线路工程多分布在农田路边、乡镇结合地带，建设规模普遍较大，施工周期较长，施工环境复杂，非工作人员临近出入频繁，建设全过程存在多种安全风险。针对以上情况，对工作范围内各节点面临的安全风险超前分析，制订可行的预防控制措施；梳理易出现的问题，指导工程建设人员有效规避各类风险，确保工程建设过程中安全施工、按期完成。

（1）现场勘察。本环节作业安全风险及预控措施见表 1－1。

表 1－1　　现场勘察作业安全风险及预控措施

序号	安全风险	风险等级	预控措施	易出现的问题	规程规范要求
1	动物伤人	一级	（1）进村庄对可能有狗的地方应先喊叫，可备用棍棒，防备狗突然窜出。 （2）在杂草丛生有蛇活动的地区作业时须带一条树枝，边走边打草，惊扰蛇类，避免被蛇咬伤。 （3）发现马蜂窝不要靠近，更不能触碰。 （4）采取有效措施避免野生动物伤人	（1）现场勘察记录内容危险点未根据施工任务、作业环境等进行全面检查。 （2）人身受到动物伤害，并可能发生各类传染病	（1）《国家电网公司电力安全工作规程（配电部分）（试行）》现场勘察有关要求。 （2）《现场作业防疫措施二十条》（鲁电安监〔2020〕70 号）现场作业防疫有关要求。 （3）《倒闸操作票、工作票管理规范》（鲁电安质〔2017〕604 号）有关要求。 （4）《生产作业安全管控标准化工作规范（试行）》（国家电网安质〔2016〕356 号）： “3.1　现场勘察 3.1.1　需要现场勘察的作业项目

续表 1－1

<table>
<tr><th>序号</th><th>安全风险</th><th>风险等级</th><th>预控措施</th><th>易出现的问题</th><th>规程规范要求</th></tr>
<tr><td>1</td><td>动物伤人</td><td>一级</td><td></td><td></td><td rowspan="5">a）变电站（换流站）主要设备现场解体、返厂检修和改（扩）建项目施工作业。
b）变电站（换流站）开关柜内一次设备检修和一、二次设备改（扩）建项目施工作业。
c）变电站（换流站）保护及自动装置更换或改造作业。
d）输电线路（电缆）停电检修（常规清扫等不涉及设备变更的工作除外）、改造项目施工作业。
e）配电线路杆塔组立、导线架设、电缆敷设等检修、改造项目施工作业。
f）新装（更换）配电箱式变电站、开闭所、环网单元、电缆分支箱、变压器、柱上开关等设备作业。
g）带电作业。
h）涉及多专业、多单位、多班组的大型复杂作业和非本班组管辖范围内设备检修（施工）的作业。
i）使用吊车、挖掘机等大型机械的作业。
j）跨越铁路、高速公路、通航河流等施工作业。
k）试验和推广新技术、新工艺、新设备、新材料的作业项目。
l）工作票签发人或工作负责人认为有必要现场勘察的其他作业项目。
3.1.2　现场勘察组织
a）现场勘察应在编制‘三措’及填写工作票前完成。
b）现场勘察由工作票签发人或工作负责人组织。
c）现场勘察一般由工作负责人、设备运维管理单位和作业单位相关人员参加。
d）对涉及多专业、多单位的大型复杂作业项目，应由项目主管部门、单位组织相关人员共同参与。
e）承发包工程作业应由项目主管部门、单位组织，设备运维管理单位和作业单位共同参与。</td></tr>
<tr><td>2</td><td>疫情</td><td>一级</td><td>严格执行《现场作业防疫措施二十条》（鲁电安监〔2020〕70 号）</td><td>（1）现场勘察人员未执行《现场作业防疫措施二十条》（鲁电安监〔2020〕70 号），未戴口罩、未测量体温等。
（2）突发新型冠状病毒或其他疫情感染</td></tr>
<tr><td>3</td><td>溺水</td><td>一级</td><td>（1）工作中尽量避开不明深浅的水域。
（2）勘察路径尽量选择远离水域（江、河、湖、海等）岸边的地方。
（3）涉水人员须具有一定游泳技能。
（4）作业人员不得拥挤、嬉闹。
（5）配备必要的救生器材或渡水器具。
（6）现场勘察作业中尽量远离废弃机井，如需临近勘察作业时，须加强监护，并采取防坠落、防溺水措施</td><td>（1）勘察作业人员靠近水域，不慎落水。
（2）勘察作业时，未发现废弃机井，或未加强监护、未采取措施，造成人员溺水。
（3）涉水勘察时，未配备救生器材造成施救不及时</td></tr>
<tr><td>4</td><td>交通事故</td><td>二级</td><td>（1）勘察人员尽量沿道路路边行走，不影响车辆交通。
（2）注意观察来往车辆，及时避让。
（3）人员尽量远离快速公路。
（4）提前问明机车过往时段，利用机车通过间隙勘察现场，并设专人监视，发现异常及时撤离</td><td>人员不慎进入通行道路，避让不及时发生被撞事故</td></tr>
<tr><td>5</td><td>高处坠落</td><td>一级</td><td>（1）勘察路径尽量选择平坦且远离坑、井等临空面的地方进行。
（2）必须在坑、井（特别注意枯井、废弃机井）等临空面处勘察时，须加强监护，并采取防坠落措施。</td><td>（1）不慎坠入井、坑，或从山坡跌落，造成摔伤。
（2）避让不及时被落物击伤</td></tr>
</table>

续表 1－1

序号	安全风险	风险等级	预控措施	易出现的问题	规程规范要求
5	高处坠落	一级	（3）勘察人员不得拥挤、嬉闹。 （4）在山坡上勘察时应避免踩踏不稳固的石头；在山脚下行走时应随时观察山坡是否有落石的危险		f）开工前，工作负责人或工作票签发人应重新核对现场勘察情况，发现与原勘察情况有变化时，应及时修正、完善相应的安全措施。 3.1.3　现场勘察主要内容 a）需要停电的范围：作业中直接触及的电气设备，作业中机具、人员及材料可能触及或接近导致安全距离不能满足《电力安全工作规程》规定距离的电气设备。 b）保留的带电部位：邻近、交叉、跨越等不需停电的线路及设备，双电源、自备电源、分布式电源等可能反送电的设备。 c）作业现场的条件：装设接地线的位置，人员进出通道，设备、机械搬运通道及摆放地点，地下管沟、隧道、工井等有限空间，地下管线设施走向等。 d）作业现场的环境：施工线路跨越铁路、电力线路、公路、河流等环境，作业对周边构筑物、易燃易爆设施、通信设施、交通设施产生的影响，作业可能对城区、人口密集区、交通道口、通行道路上人员产生的人身伤害风险等。 e）需要落实的‘反措’及设备遗留缺陷。 f）开工前，工作负责人或工作票签发人应重新核对现场勘察情况，发现与原勘察情况有变化时，应及时修正、完善相应的安全措施。 3.1.4　现场勘察记录 a）现场勘察应填写现场勘察记录。 b）现场勘察记录宜采用文字、图示或影像相结合的方式。记录内容包括：工作地点需停电的范围，保留的带电部位，作业现场的条件、环境及其他危险点，应采取的安全措施，附图与说明。 c）现场勘察记录应作为工作票签发人、工作负责人及相关各方编制‘三措’和填写、签发工作票的依据。 d）现场勘察记录由工作负责人收执。勘察记录应同工作票一起保存一年。”

（2）施工前准备。本环节作业安全风险及预控措施见表 1－2。

表 1－2　　施工前准备作业安全风险及预控措施

序号	安全风险	风险等级	预控措施	易出现的问题	规程规范要求
1	管理不到位	一级	（1）根据现场工作实际情况，综合考虑施工现场各类因素，详实编制施工方案及“三措”，及时提报给相关单位及分管领导审批，并报备。 （2）按照施工计划，工作负责人（工作票签发人）提前办理工作票和施工作业票，按照工作流程进行报审。 （3）根据里程碑计划，梳理每日工作任务，进行分解，各类管理人员加强督导管控，督查参建人员。 （4）业主单位组织监理、设计施工人员开展技术交底，明确各类事项。 （5）按照工作计划，提前准备试验合格、充足、与施工现场相匹配的工器具和材料。 （6）检查外来施工队伍（分包人员）建档立卡情况，重点审查资质、合同、安全协议签订及安全教育培训考试等内容	（1）“三措”审批流程不正确，未经设备运维管理单位、相关专业管理部门、分管领导逐级审批。 （2）现场标准化作业指导书无审核、审定人员签字。 （3）施工作业票中需设专责监护人的工作，未在指定位置填写。 （4）现场施工作业未使用工作票和施工作业票（无票作业）。 （5）填写的工作票（施工作业票）内容错误。 （6）工作票上的内容与实际工作不符。 （7）“日管控”工作任务、人员数量及主要危险点与现场实际不相符。 （8）现场施工作业未列入“日管控”。 （9）工作票（施工作业票）制订的安全措施针对性差、无操作性。 （10）施工方案、“三措”中的内容及安全措施套用模板、针对性不强，未列明作业过程中全部风险点及防控措施。 （11）安全技术交底中“项目名称”填写错误（与实际工作地点名称不符）。 （12）《变电站二次系统电缆敷设及二次接线》施工方案没有风险判别，且危险点分析及控制的措施不满足现场需要（施工作业票中作业内容含接地敷设，方案中没有措施）。	（1）《生产作业安全管控标准化工作规范（试行）》（国家电网安质〔2016〕356 号）： “3.2　风险评估 3.2.1　现场勘察结束后，编制‘三措’、填写‘两票’前，应针对作业开展风险评估工作。 3.2.2　风险评估一般由工作票签发人或工作负责人组织。 3.2.3　设备改进、革新、试验、科研项目作业，应由作业单位组织开展风险评估。 3.2.4　涉及多专业、多单位共同参与的大型复杂作业，应由作业项目主管部门、单位组织开展风险评估。 3.2.5　风险评估应针对触电伤害、高空坠落、物体打击、机械伤害、特殊环境作业、误操作等方面存在的危险因素，全面开展评估。 3.2.6　风险评估出的危险点及预控措施应在‘两票’‘三措’等中予以明确。 3.3　承载力分析 3.3.1　地市公司级单位、县公司级单位应利用月度计划平衡会、周安全生产例会统筹开展所属单位、二级机构承载力分析工作。二级机构应利用周安全生产例会、班组应利用周安全日活动，开展作业承载力分析工作，保证作业安排在承载力范围内。 3.3.2　各单位、二级机构承载力分析内容 a）可同时派出的班组数量。 b）派出班组的作业能力是否满足作业要求。

续表 1－2

序号	安全风险	风险等级	预控措施	易出现的问题	规程规范要求
1	管理不到位	一级		（13）机具和安全工器具没有统一编号；使用前没有检查。使用损坏、变形、有故障等不合格的机具和安全工器具。 （14）接地线操作棒手持部分护套缺失，且导线绝缘护套破损。 （15）脚扣防滑胶垫磨损严重，起不到防滑作用。 （16）作业现场安全带破损且试验超期。 （17）劳务分包队伍私自携带安全工器具到现场，且与材料、工器具混放。 （18）绝缘梯底部防滑垫缺失没有 1m 限高标志。 （19）接地线磨损严重且试验合格标签无法辨认。 （20）绝缘手套、绝缘靴、验电笔、绝缘操作杆、接地线、安全带、脚扣现场检查不合格。 （21）绝缘手套、绝缘靴、验电笔、绝缘操作杆、接地线、安全带、脚扣等安全工器具无试验合格证或试验合格证破损严重无法辨认。 （22）钢丝绳、牵引绳、工作绳磨损严重。 （23）作业现场无应急医药箱，应急医药箱内无药品或药品超期。 （24）部分施工队伍人员未建档立卡。 （25）资质过期或与承担工程不匹配；人员承载力不足。 （26）合同签订时间滞后，内容不规范。	c）多专业、多班组、多现场间工作协调是否满足作业需求。 3.3.3　作业班组承载力分析内容 a）可同时派出的工作组和工作负责人数量。每个作业班组同时开工的作业现场数量，不得超过工作负责人数量。 b）作业任务难易水平、工作量大小。 c）安全防护用品、安全工器具、施工机具、车辆等是否满足作业需求。 d）作业环境因素（地形地貌、天气等）对工作进度、人员配备及工作状态造成的影响等。 3.3.4　作业人员承载力分析内容 a）作业人员身体状况、精神状态以及有无妨碍工作的特殊病症。 b）作业人员技能水平、安全能力。技能水平可根据其岗位角色、是否担任工作负责人、本专业工作年限等综合评定。安全能力应结合《电力安全工作规程》考试成绩、人员违章情况等综合评定。 3.3.5　各级单位应积极推进承载力量化分析工作，提升作业计划和工作安排的科学化、规范化管理水平。 3.4　‘三措’编制 3.4.1　需编制‘三措’的项目 3.4.2　作业单位应根据现场勘察结果和风险评估内容编制‘三措’。对涉及多专业、多单位的大型复杂作业项目，应由项目主管部门、单位组织相关人员编制‘三措’。 3.4.3　‘三措’内容包括任务类别、概况、时间、进度、需停电的范围、保留的带电部位及组织措施、技术措施和安全措施。

续表 1-2

序号	安全风险	风险等级	预控措施	易出现的问题	规程规范要求
1	管理不到位	一级		（27）安全教育培训流于形式，未开展安全教育培训，未经考试上岗工作或考试不合格许可进入施工现场。 （28）劳务分包商不在公布名单中。 （29）签订的合同、安全协议超范围或未明确专业（劳务）分包范围。 （30）签订的合同、安全协议超期限；未签订合同、安全协议。 （31）作业层班组骨干人员的培训考试存在做假的嫌疑，试卷批改流于形式。 （32）外来施工人员无胸卡证，或私自制作胸卡证	3.4.4 ‘三措’应分级管理，经作业单位、监理单位（如有）、设备运维管理单位、相关专业管理部门、分管领导逐级审批，严禁执行未经审批的‘三措’。 3.5 ‘两票’填写 3.5.1 在电气设备上及相关场所的工作，应填用工作票、倒闸操作票。各级单位应规范‘两票’填写与执行标准，明确使用范围、内容、流程、术语。 3.5.2 作业单位应根据现场勘察、风险评估结果，由工作负责人或工作票签发人填写工作票。 3.5.3 工作票‘双签发’相关要求 a）承发包工程中，作业单位在运用中的电气设备上或已运行的变电站内工作，工作票宜由作业单位和设备运维管理单位共同签发，在工作票上分别签名，各自承担相应的安全责任。 b）发包方工作票签发人主要对工作票上所填工作任务的必要性、安全性和安全措施是否正确完备负责；承包方工作票签发人主要对所派工作负责人和工作班人员是否适当和充足以及安全措施是否正确完备负责。 3.5.4 承发包工程宜由作业单位人员担任工作负责人，若设备运维管理单位认为有必要，可派人担任工作负责人或增派专人监护。 3.5.5 生产厂家、外协服务等人员参加现场作业，应由设备运维管理单位人员担任工作负责人，执行相应工作票。

序号	安全风险	风险等级	预控措施	易出现的问题	规程规范要求
1	管理不到位	一级			3.5.6　作业班组每月应对所执行的‘两票’进行整理汇总，按编号统计、分析。二级机构每季度至少对已执行的‘两票’进行检查并填写检查意见。地市公司级单位、县公司级单位每半年至少抽查调阅一次‘两票’。省公司级单位每年至少抽查调阅一次‘两票’。 3.5.7　各级单位应分析‘两票’存在问题，及时反馈，制订整改措施，建立定期通报制度。” （2）《国家电网公司城乡配网建设与改造工程业主监理施工项目部安全管理工作规范（试行）》（安质二〔2017〕56 号）： “第十条（四）施工项目部是施工现场安全的责任主体。在施工合同中所列工程的施工项目，所有工作票、安全施工作业票均应以施工项目部名义办理，涉及运行设备的工作票和安全施工作业票应实行设备运维单位和施工单位‘双签发’，劳务分包人员不得担任工作票签发人、工作负责人。” （3）《国网山东省电力公司发承包工程管理30 条禁令》（鲁电安质〔2017〕367 号）： “二、工程管理‘七严禁’ （1）严禁不培训考试、不开展进场登记交底核查即施工。 （2）严禁随意压缩工期、变更施工计划。 （3）严禁安排劳务分包人员担任工作负责人、专责监护人、自带安全工器具和不纳入班组管理。 （4）严禁监理人员在施工作业期间脱岗或不履行监理职责。 （5）严禁未经关键工序、工艺验收合格即转序作业。 （6）严禁使用未经签字验收合格的材料、配件。 （7）严禁以包代管、以罚代管、不开展安全资信报备。”

（3）开工会。本环节作业安全风险及预控措施见表 1－3。

表 1－3　　开工会作业安全风险及预控措施

序号	安全风险	风险等级	预控措施	易出现的问题	规程规范要求
1	管理不到位	一级	（1）工作负责人在开工会上对作业人员进行检查，作业人员必须按规定着装，精神状态良好，劳务分包人员胸卡证齐全有效，否则不允许进入作业现场。 （2）作业人员有精神状态不佳、身体不适者，须主动向工作负责人汇报实情。 （3）工作负责人认真清点、核对作业人员数量，参加会议人员应与工作票、作业指导书（卡）人员数量相等，人员一致。 （4）工作负责人根据工作票、作业指导书（卡）、“三措一案”所列内容全面、详细交代现场安全措施和安全注意事项。 （5）工作班成员应认真参加开工会，集中精力听讲，有疑问者应及时提问。 （6）工作负责人进行安全交底后，全体作业人员在工作票（指导书、卡）上履行签名确认手续。 （7）未得到工作负责人许可开工前，任何人员不得开始现场作业。 （8）未参加开工会的人员严禁进入施工现场，新增工作人员须经工作负责人安全交底，并签名确认后方可进行现场作业。 （9）工作前，工作负责人认真对外单位承担或外来工作人员（包括民工）告知现场安全措施、线路（设备）带电部位、危险点和安全注意事项。 （10）外单位承担或外来工作人员（包括民工）确认被告知内容后，履行安全交底签名确认手续后方可参加工作	（1）不召开开工会，工作人员不清楚工作任务、工作范围等情况。 （2）工作许可前召开开工会，工作流程不对应。 （3）无施工现场看板，施工人员不清楚现场工作情况。 （4）现场看板内容缺少或不符合要求。 （5）施工看板未公示分包商（施工单位）资质情况。 （6）施工看板上特种人员资质证件照片不全、图片模糊不清。 （7）现场工作票中，工作人员未签字确认。 （8）工作票中，工作班组人员签名存在造假（代签）现象。 （9）多日连续作业的工作票，没有履行每日安全交底签字手续。 （10）未进行交底和履行签名。 （11）参建人员全面应用“配网建设全过程管控平台”，并在开工前执行签到打卡	（1）《生产作业安全管控标准化工作规范（试行）》（国家电网安质〔2016〕356 号）： “3.6　班前会 3.6.1　班前会由班组长组织全体班组人员召开。 3.6.2　班前会应结合当班运行方式、工作任务，开展安全风险评估，布置风险预控措施，组织交代工作任务、作业风险和安全措施，检查个人安全工器具、个人劳动防护用品和人员精神状况。” （2）《国家电网公司电力安全工作规程（电网建设部分）（试行）》： “3.5.4.23　在光线不足的作业场所及夜间作业的场所均应有足够的照明。” （3）《国家电网公司电力安全工作规程（配电部分）（试行）》： “4.5.12　城区、人口密集区或交通道口和通行道路上施工时，工作场所周围应装设遮栏（围栏），并在相应部位装设警告标示牌。”

续表 1-3

序号	安全风险	风险等级	预控措施	易出现的问题	规程规范要求
2	交通事故	一级	（1）人员站在道路边上，不得影响车辆通行。 （2）设置安全警示标志。 （3）设专人在会场两端拿颜色鲜艳的旗帜提醒过往车辆。 （4）禁止在铁路附近开会	（1）开工会在道路或路边上召开。 （2）开工会现场未设置围栏及安全警示标志，各种车辆较多，发生被撞交通事故	
		二级	（1）夜间施工，会议现场要有足够的照明设施。 （2）夜间施工，应设置灯光或反光安全警示标志。 （3）夜间施工，应设专人在会场两端手持灯光指示器提醒过往车辆	夜间施工，开工会现场灯光照明不足，反光安全警示不足，道路上行人或车辆误入开工会现场，发生交通事故	
3	高处坠落	一级	（1）会议地点尽量选择平坦地点或远离坑、井等临空面的地方。 （2）会议期间严肃纪律，不得拥挤。 （3）在坑、井等临空面处，设置防护装置和安全警示标志。 （4）会议前详细介绍现场环境情况，对坑、井等临空面交代其具体位置和安全注意事项，对于站在距离坑、井等临空面较近的人员，采取防坠落措施	（1）开工会未交代工作任务、人员分工、危险点、安全措施和安全注意事项。 （2）开工会未对人员进行提问。 （3）开工会交代安全注意事项，人员未签字确认。 （4）开工会交代安全注意事项，人员签字确认有代签名情况	
4	溺水	一级	（1）会议地点尽量选择远离水域（江、河、湖、海等）岸边的地方。 （2）会议期间严肃纪律，不得拥挤。 （3）在水域（江、河、湖、海等）岸边开会，应设置防护装置和安全警示标志。 （4）会议前详细介绍现场环境情况，交代水域（江、河、湖、海等）具体位置和安全注意事项，对于站在距离水域（江、河、湖、海等）较近的人员，采取防落水措施。 （5）配备必要的落水施救器材	（1）发生落水事故，造成人员溺水。 （2）人员溺水时施救不及时	

（4）现场安全措施布置。本环节作业安全风险及预控措施见表 1－4。

表 1－4　　现场安全措施布置作业安全风险及预控措施

序号	安全风险	风险等级	预控措施	易出现的问题	规程规范要求
1	管理不到位	二级	（1）严格按照规程执行安全措施，合理设置安全围栏，与作业无关人员禁止入内。 （2）认真落实安全规程（工作票）所列安全措施，并逐项执行到位。 （3）严格执行安全措施，停送电流程正确，验电、装设接地线可靠有效。 （4）严格按照规程执行安全措施	（1）作业现场安全围栏设置不规范，未全部封闭。 （2）部分现场围栏形同虚设，不能有效限制周围闲杂人员。 （3）在高压室内作业，运行设备没有全部装设围栏。 （4）监护现场措施（安全围栏、安全警示牌）未全面落实到位。 （5）杆塔上作业安全围栏不满足防坠落半径要求。 （6）未按照第二种工作票要求在工作地点设置“在此工作！”标示牌、“运行”红布幔。 （7）工作地点未设置“在此工作！”标示牌。 （8）现场接地线装设不到位，接地线虚挂至绝缘部位，不能有效接地。 （9）接地线绝缘手柄缺失。 （10）工作现场挂接的接地线与工作票中所列的接地线编号不一致。 （11）装设接地线前不验电。 （12）线路有人工作时，未将停电线路的所有 T 接地点跌落式熔断器拉开并取下。 （13）现场装设接地线地点与工作票不一致。 （14）装设接地线位置与工作票实际不符。 （15）监护人不清楚监护范围和监护人员。	（1）《安全围栏设置规范》（鲁电安监〔2019〕416 号）： “1.4　同一作业任务的多个作业区域，每个作业区域应独立设置有唯一出口的围栏。 1.5　邻近通行道路作业，应在通行道路双向分别设置‘前方施工’‘车辆慢行’施工道路警示牌，必要时派人看管。 1.6　不满足围栏设置条件时，应在开工前一周向本单位安监部门报备并经书面批准许可，方可开展工作。 3　术语和定义 3.1　固定防护围栏 高度不低于 1700mm，材质为热镀锌钢网。 3.2　区域隔离围栏 高度为 1200mm，立柱高度为 1450mm，颜色为国网绿色（色号 3292C），材质为环氧树脂或 PE 等复合材料。 3.3　箱变隔离围栏 高度为 1500mm，颜色为黄色（色号 1375C），采用镀锌方钢管喷塑工艺制作。 3.4　伸缩型移动式围栏 高度为 1200mm，颜色为黄黑相间，材质为环氧树脂，每组单元长度为 4m。 3.5　施工道路警示牌 高度为 1200mm，由警示牌、边框和立柱组成，颜色为黄黑相间，材质为环氧树脂或 PE 等复合材料。

续表 1－4

序号	安全风险	风险等级	预控措施	易出现的问题	规程规范要求
1	管理不到位	二级		（16）专责监护人未穿标志服。 （17）专责监护人未全程在监护现场。 （18）分组工作时，工作小组安全措施实施未落实即开展小组施工作业	7.1　高压试验时，采用伸缩型移动式围栏封闭加压设备和被试验设备，试验现场围栏与试验设备高压部分应有足够的安全距离。 7.3　室外大型机具、吊车等设备有安全风险的，应对设备作业面有安全风险的部位设置伸缩型移动式围栏。” （2）《生产作业安全管控标准化工作规范（试行）》（国家电网安质〔2016〕356 号）： “4.2　安全措施布置 4.2.1　变电专业安全措施应由工作许可人负责布置，采取电话许可方式的变电站第二种工作票安全措施可由工作人员自行布置，工作结束后应汇报工作许可人。输、配电专业工作许可人所做安全措施由其负责布置，工作班所做安全措施由工作负责人负责布置。安全措施布置完成前，禁止作业。 4.2.2　工作许可人应审查工作票所列安全措施正确完备性，检查工作现场布置的安全措施是否完善（必要时予以补充）和检修设备有无突然来电的危险。对工作票所列内容即使发生很小疑问，也应向工作票签发人询问清楚，必要时应要求作详细补充。 4.2.3　10kV 及以上双电源用户或备有大型发电机用户配合布置和解除安全措施时，作业人员应现场检查确认。 4.2.4　现场为防止感应电或完善安全措施需加装接地线时，应明确装、拆人员，每次装、拆后应立即向工作负责人或小组负责人汇报，并在工作票中注明接地线的编号，装、拆的时间和位置。”

（5）定点基础开挖（杆坑开挖）。本环节作业安全风险及预控措施见表 1－5。

表 1－5　　定点基础开挖作业安全风险及预控措施

序号	安全风险	风险等级	预控措施	易出现的问题	规程规范要求
1	交通事故	一级	（1）掘路施工须做好防止交通事故的安全措施。施工区域须用标准路栏等进行分隔，并有明显标记。 （2）夜间施工人员须佩戴反光标志。 （3）夜间施工地点应加挂警示灯	掘路施工未做好安全措施或安全措施不完全，行人、车辆误入工作区域，造成人身伤害及设备损坏	《国家电网公司电力安全工作规程（配电部分）（试行）》： “6.1　坑洞开挖 6.1.1　挖坑前，应与有关地下管道、电缆等设施的主管单位取得联系，明确地下设施的确切位置，做好防护措施。 6.1.2　挖坑时，应及时清除坑口附近的浮土、石块，路面铺设材料和泥土应分别堆置，在堆置物堆起的斜坡上不得放置工具、材料等器物。 6.1.3　在超过 1.5m 深的基坑内作业时，向坑外抛掷土石应防止土石回落坑内，并做好防止土层塌方的临边防护措施。 6.1.4　在土质松软处挖坑，应有防止塌方措施，如加挡板、撑木等；不得站在挡板、撑木上传递土石或放置传土工具；禁止由下部掏挖土层。
2	爆炸	一级	开挖前，须与有关地下管道、电缆等设施的主管单位取得联系，明确地下设施的确切位置，做好防护措施，并设监护人	（1）开挖前，未与有关主管部门取得联系。 （2）在未明确地下设施确切位置的情况下，就进行开挖	
3	基础坍塌	一级	向坑外抛掷土石须加装挡板、撑木等防止土石回落坑内	向坑外抛掷土石未加装挡板、撑木等	
4	窒息、中毒	一级	（1）深基坑或密闭空间作业时，坑内人员佩戴防毒面具，并向坑内送风和持续检测等，监护人密切注意挖坑人员。 （2）人工挖孔桩基础时：每日开工下孔前须检测孔内空气，当存在有毒、有害气体时，应首先排除；当孔深超过 5m 时，须用风机或风扇向孔内送风不少于 5min，排除孔内浑浊空气；孔深超过 10m 时，应有专用风机向孔内送风，风量不得少于 25L/s	（1）坑内人员未戴防毒面具。 （2）未向坑内送风或持续检测。 （3）未设监护人或监护人离开	
5	高处坠落	一级	基坑须设坑盖或可靠遮栏，加挂警告标示牌，夜间挂红灯	（1）未设坑盖或可靠围栏。 （2）未加挂警告标示牌，夜间未挂红灯、灯不亮或挂其他颜色灯	

续表 1-5

序号	安全风险	风险等级	预控措施	易出现的问题	规程规范要求
6	杆塔倾倒	一级	随时检查杆塔稳定性。若开挖影响杆塔的稳定性时，须在开挖的反方向加装临时拉线或地锚。开挖基坑未回填时禁止拆除临时拉线	（1）没有随时检查杆塔稳定性。 （2）没有加装临时拉线	6.1.5　在下水道、煤气管线、潮湿地、垃圾堆或有腐质物等附近挖坑时，应设监护人。在挖深超过2m的坑内工作时，应采取安全措施，如戴防毒面具、向坑中送风和持续检测等。监护人应密切注意挖坑人员，防止煤气、硫化氢等有毒气体中毒及沼气等可燃气体爆炸。 6.1.6　在居民区及交通道路附近开挖的基坑，应设坑盖或可靠遮栏，加挂警告标示牌，夜间挂红灯。 6.1.8　杆塔基础附近开挖时，应随时检查杆塔稳定性。若开挖影响杆塔的稳定性时，应在开挖的反方向加装临时拉线，开挖基坑未回填时禁止拆除临时拉线。”

（6）“三石”（卡盘石、底盘石、拉盘石）安装。本环节作业安全风险及预控措施见表 1-6。

表 1-6　“三石”安装作业安全风险及预控措施

序号	安全风险	风险等级	预控措施	易出现的问题	规程规范要求
1	机械伤害	一级	（1）起吊工作时，设置专人统一指挥，统一信号，明确分工，并讲明施工方法，明确各岗位职责。 （2）吊车支腿固定牢固，起吊时支腿严禁浮起。	（1）没有设专人指挥，未统一信号。 （2）分工不明确、岗位职责不明确就进行安装。 （3）作业人员对施工方法不清楚就进行安装。 （4）吊车支腿固定不牢固。	《国家电网公司电力安全工作规程（配电部分）（试行）》： “16.2　起重 16.2.1　起吊重物前，应由起重工作负责人检查悬吊情况及所吊物件的捆绑情况，确认可靠后方可试行起吊。起吊重物稍离地面（或支持物），应再次检查各受力部位，确认无异常情况后方可继续起吊。

续表 1－6

序号	安全风险	风险等级	预控措施	易出现的问题	规程规范要求
1	机械伤害	一级	（3）起重机停放或行驶时，其车轮、支腿或履带的前端或外侧与沟、坑边缘的距离小于沟、坑深度的 1.2 倍的，采取防倾、防坍塌措施。 （4）禁止与工作无关人员在起重工作区域内行走或停留。 （5）作业时，禁止吊物上站人，禁止作业人员利用吊钩来上升或下降。 （6）汽车式起重机行驶时，上车操作室不得坐人。 （7）在起吊、牵引过程中，受力钢丝绳的周围、上下方、转向滑车内角侧、吊臂和起吊物的下面，禁止有人逗留和通过	（5）车轮、支腿或履带的前端或外侧与沟、坑边缘的距离小于沟、坑深度的 1.2 倍。 （6）与工作无关人员在起重工作区域内行走或停留。 （7）作业人员利用吊钩来上升或下降。 （8）起重机行驶时，上车操作室有人。 （9）受力钢丝绳的周围、上下方、转向滑车内角侧、吊臂和起吊物下面有人逗留和通过	16.2.2 起吊物件应绑扎牢固，若物件有棱角或特别光滑的部位时，在棱角和滑面与绳索（吊带）接触处应加以包垫。起重吊钩应挂在物件的重心线上。起吊电杆等长物件应选择合理的吊点，并采取防止突然倾倒的措施。 16.2.3 在起吊、牵引过程中，受力钢丝绳的周围、上下方、转向滑车内角侧、吊臂和起吊物的下面，禁止有人逗留和通过。 16.2.4 汽车式起重机行驶时，上车操作室不得坐人。 16.2.5 起重机停放或行驶时，其车轮、支腿或履带的前端或外侧与沟、坑边缘的距离不得小于沟、坑深度的 1.2 倍；否则应采取防倾、防坍塌措施。 16.2.6 作业时，起重机应置于平坦、坚实的地面上。不得在暗沟、地下管线等上面作业；无法避免时，应采取防护措施。
2	高空坠物	一级	（1）使用合格的起重工器具，严禁超载使用。钢丝绳套严禁以小代大使用。 （2）吊放前先对钢丝绳套进行外观检查，无断股、烧伤、挤压等明显缺陷，其强度满足起重设备荷重要求（安全系数 5～6 倍）。 （3）吊放前，须对各受力点进行检查。 （4）起吊物件绑扎牢固，若物件有棱角或特别光滑的部位时，在棱角和滑面与绳索（吊带）接触处加以包垫。 （5）起吊物件时，吊钩须有防脱装置	（1）起重工器具不合格。 （2）钢丝绳套以小代大。 （3）未进行钢丝绳套外观检查。 （4）钢丝绳套强度不能满足设备荷重要求。 （5）吊放前没有进行受力点检查。 （6）物件绑扎不牢固。 （7）物件棱角或特别光滑的部位没有加以包垫。 （8）起吊的物件脱落或钢丝绳开断造成高空坠物。 （9）起吊物件时，吊钩未启用防脱装置，造成物体坠落	

续表 1－6

序号	安全风险	风险等级	预控措施	易出现的问题	规程规范要求
3	交通事故	一级	在居民区和交通道路附近作业，须具备相应的交通组织措施，并设围栏和警告标志，注意来往车辆，必要时派专人看守	（1）没有设围栏和警告标志。 （2）没有派专人看守。 （3）周围车辆误入作业区域，造成交通事故	16.2.7　作业时，起重机臂架、吊具、辅具、钢丝绳及吊物等与架空输电线路及其他带电体的距离不得小于表 6－1 的规定，且应设专人监护。小于表 6－1、大于表 3－1 安全距离时，应制订防止误碰带电设备的安全措施，并经本单位批准。小于表 3－1 安全距离时，应停电进行。 16.2.8　起重设备长期或频繁地靠近架空线路或其他带电体作业时，应采取隔离防护措施。 16.2.9　在带电设备区域内使用起重机等起重设备时，应安装接地线并可靠接地，接地线应用多股软铜线，其截面积不得小于 $16mm^2$。 16.2.11　禁止与工作无关人员在起重工作区域内行走或停留。 16.2.12　作业时，禁止吊物上站人，禁止作业人员利用吊钩来上升或下降。 16.2.13　起重机上应备有灭火装置，驾驶室内应铺橡胶绝缘垫，禁止存放易燃物品。 16.3　运输 16.3.1　搬运的过道应平坦畅通，夜间搬运，应有足够的照明。若需经过山地陡坡或凹凸不平之处，应预先制订运输方案，采取必要的安全措施。 16.3.2　装运电杆、变压器和线盘应绑扎牢固，并用绳索绞紧。水泥杆、线盘的周围应塞牢，防止滚动、移动伤人。运载超长、超高或重大物件时，物件重心应与车厢承重中心基本一致，超长物件尾部应设标志。禁止客货混装。
4	误碰带电部位	二级	（1）作业时，起重机臂架、吊具、辅具、钢丝绳及吊物等与架空输电线路及其他带电体的距离不得小于《国家电网公司电力安全工程规程（配电部分）（试行）》中表 6－1 的规定，且设专人监护；小于表 6－1、大于表 3－1 安全距离时，须制订防止误碰带电设备的安全措施，并经本单位批准；小于表 3－1 安全距离时，须停电进行。 （2）起重设备长期或频繁地靠近架空线路或其他带电体作业时，采取隔离防护措施。 （3）起重机上须备有灭火装置，驾驶室内铺橡胶绝缘垫，禁止存放易燃物品。	（1）起重机臂架、吊具、辅具、钢丝绳及吊物等与架空输电线路及其他带电体不能保证足够的安全距离。 （2）没有设专人监护。 （3）小于安全距离时，没有停电。 （4）没有制订防止误碰带电设备的安全措施并经本单位批准。 （5）没有采取隔离防护措施。 （6）没有配备灭火器材。 （7）驾驶室没有铺橡胶绝缘垫。 （8）起重机上放置易燃物品。 （9）没有安装接地线。	

续表 1-6

序号	安全风险	风险等级	预控措施	易出现的问题	规程规范要求
4	误碰带电部位	二级	（4）在带电设备区域内使用起重机等起重设备时，安装接地线并可靠接地。接地线应用多股软铜线，其截面积不得小于 $16mm^2$	（10）接地线没有可靠接地。 （11）接地线没有用多股软铜线，截面积小于 $16mm^2$	16.3.3　装卸电杆等物件应采取措施，防止散堆伤人。分散卸车时，每卸一根之前，应防止其余杆件滚动；每卸完一处，应将车上其余的杆件绑扎牢固后，方可继续运送。 16.3.4　使用机械牵引杆件上山时，应将杆身绑牢，钢丝绳不得触磨岩石或坚硬地面，牵引路线两侧 5m 以内，不得有人逗留或通过。 16.3.5　多人抬杠，应同肩，步调一致，起放电杆时应相互呼应协调。重大物件不得直接用肩扛运，雨、雪后抬运物件时应有防滑措施。 16.3.6　用管子滚动搬运应由专人负责指挥。管子承受重物后两端应各露出约 30cm，以便调节转向。手动调节管子时，应注意防止压伤手指。上坡、下坡，均应对重物采取防止下滑的措施。”

（7）混凝土基础施工。本环节作业安全风险及预控措施见表 1-7。

表 1-7　　混凝土基础施工作业安全风险及预控措施

序号	安全风险	风险等级	预控措施	易出现的问题	规程规范要求
1	物体打击	二级	（1）混凝土工程施工方案按规定进行审批、论证，进行安全技术交底。 （2）混凝土工程施工作业须严格作业票管理。 （3）材料场按种类、规格、批次分开储存与堆放，砂石堆场须有适当的坡度，安全防护设施齐全规范。 （4）夜间施工必须配备足够的照明，且设专人负责。	（1）混凝土工程施工方案未进行审批、论证，未进行安全技术交底。 （2）混凝土工程施工作业未严格作业票管理。 （3）材料场未按种类、规格、批次分开储存与堆放，砂石堆场无适当的坡度，安全防护设施不齐全、不规范。 （4）夜间施工现场无足够的照明。	《国家电网公司电力安全工作规程（电网建设部分）（试行）》： “6.3　脚手架施工 6.3.1　一般规定 6.3.1.2　脚手架安装与拆除人员应持证上岗，非专业人员不得搭、拆脚手架。作业人员应戴安全帽、系安全带、穿防滑鞋。

续表 1－7

序号	安全风险	风险等级	预控措施	易出现的问题	规程规范要求
1	物体打击	二级	（5）施工中须安排专人经常检查脚手架或作业平台、基坑边坡、安全防护设施等，发现异常情况及时处理。 （6）模板的安装和拆除必须严格遵守相关标准规定。 （7）模板安装，拆除施工前必须编制专项施工方案并审核通过，具备可实行性。 （8）模板支架立杆底部须加设满足支撑承载力要求的垫板，不得使用砖及脆性材料铺垫。 （9）向坑槽内运送材料时，坑上坑下统一指挥，使用溜槽或绳索向下放料，不得抛掷。 （10）安装钢模板，遇 U 形卡孔错位时，须调节或更换模板，不得猛锤硬撬 U 形卡。 （11）模板调整找正要轻动轻移。 （12）合模时逐层找正，逐层支撑加固，斜撑、水平撑须与补强管（木）可靠固定。 （13）模板拆除必须在混凝土达到设计强度后进行，且安排专人进行检查。 （14）拆模前须清除模板上堆放的杂物并安排专人检查。 （15）在拆除区域划定并设警戒线，悬挂安全标志，设专人监护，非作业人员不得进入。 （16）钢筋加工时，操作人应正确使用齿口扳等加工工具，用力应均匀。	（5）施工中对脚手架或作业平台、基坑边坡、安全防护设施等无专人检查，无法发现异常或发现异常情况不能及时处理。 （6）模板的安装和拆除不符合相关标准规定。 （7）模板安装，拆除施工前未编制专项施工方案。 （8）模板支架立杆底部未加设满足支撑承载力要求的垫板。 （9）向坑槽内运送材料时，无人指挥，或使用溜槽或绳索时抛掷。 （10）装钢模板，遇 U 形卡孔错位时，猛锤硬撬 U 形卡。 （11）模板调整找正用力过猛，造成模板滑落。 （12）合模时不逐层找正，未进行逐层固定。 （13）模板拆除未在混凝土达到设计强度后进行。 （14）拆模前未清除模板上堆放的杂物。 （15）在拆除区域未划定和设警戒线，未悬挂安全标志，未设专人监护。 （16）使用齿口扳等工具加工钢筋时，用力不均匀，操作方法不正确，造成钢筋伤人。	6.3.1.3　脚手架安装与拆除作业区域应设围栏和安全标示牌，搭拆作业应设专人安全监护，无关人员不得入内。 6.3.1.4　遇六级及以上风、浓雾、雨或雪等天气时应停止脚手架搭设与拆除作业。 6.4　混凝土施工 6.4.1　一般规定 6.4.1.1　混凝土工程施工方案应按规定进行审批、论证，进行安全技术交底，作业时并应严格作业票管理。 6.4.1.2　材料场应按种类、规格、批次分开储存与堆放，砂石堆场应有适当的坡度，安全防护设施齐全规范。 6.4.1.3　夜间施工应有足够的照明，在深坑和潮湿地点施工应使用低压安全照明。 6.4.1.4　施工中应经常检查脚手架或作业平台、基坑边坡、安全防护设施等，发现异常情况及时处理。 6.4.2　模板工程 6.4.2.1　模板安装 6.4.2.1.1　模板的安装和拆除应符合相关标准规定。模板安装，拆除施工前应编制专项施工方案，高大模板支撑工程的专项施工方案应组织专家审查、论证。 6.4.2.1.5　模板支架立杆底部应加设满足支撑承载力要求的垫板，不得使用砖及脆性材料铺垫。 6.4.2.1.10　向坑槽内运送材料时，坑上坑下应统一指挥，使用溜槽或绳索向下放料，不得抛掷。

续表 1－7

序号	安全风险	风险等级	预控措施	易出现的问题	规程规范要求
1	物体打击	二级	（17）使用钢筋弯曲机时，操作人员应站在钢筋活动端的反方向，弯曲小于400mm 的短钢筋时，要防止钢筋弹出伤人。 （18）使用切断机切断大直径钢筋时，应在切断机口两侧机座上安装两个角钢挡杆，防止钢筋摆动。切割短于 400mm 的短钢筋应用钳子夹牢，且钳柄不得短于 500mm，不得直接用手把持。 （19）绑扎框架钢筋时，作业人员禁止站在钢筋骨架上，禁止攀登柱骨架上下。 （20）向孔内下钢筋笼时，人员不得下孔摘除吊绳，应采用两人在笼侧面协助找正，对准孔口慢速下笼、到位固定的方法下钢筋笼	（17）绑扎框架钢筋时，作业人员站在钢筋骨架上，造成框架坍塌、人身伤害。 （18）向孔内下钢筋笼时，人员进入孔内摘除吊绳，钢筋笼造成人身伤害	6.4.2.1.13　安装钢模板，遇 U 形卡孔错位时，应调节或更换模板，不得猛锤硬撬 U 形卡。 6.4.2.1.16　模板调整找正要轻动轻移，严防模板滑落伤人；合模时逐层找正，逐层支撑加固，斜撑、水平撑应与补强管（木）可靠固定。 6.4.2.2　模板拆除 6.4.2.2.1　模板拆除应在混凝土达到设计强度后方可进行。拆模前应清除模板上堆放的杂物，在拆除区域划定并设警戒线，悬挂安全标志，设专人监护，非作业人员不得进入。 6.4.3　钢筋工程 6.4.3.1　钢筋搬运 6.4.3.1.1　钢筋搬运、堆放应与电力设施保持安全距离，严防碰撞。搬运时应注意钢筋两端摆动，防止碰撞物体或打击人身。 6.4.3.1.2　多人抬运钢筋时，应有统一指挥，起、落、转、停等动作一致。 6.4.3.1.5　在使用吊车吊运钢筋时应绑扎牢固并设控制绳，钢筋不得与其他物件混吊。 6.4.3.2　钢筋加工 6.4.3.2.4　使用齿口扳弯曲钢筋时，操作台应牢固可靠，操作人要用力均匀，防止扳手滑移或钢筋崩断伤人。 6.4.3.2.5　使用调直机调直钢筋时，操作人员应与滚筒保持一定距离，不得戴手套操作。 6.4.3.2.6　钢筋调直到末端时，操作人员应避开，以防钢筋短头舞动伤人，短于 2m 或直径大于 9mm 的钢筋调直，应低速加工。
2	触电	二级	（1）在进行混凝土振捣作业时，振动器应按照“一机一闸一保护”要求，加装专用开关和保护器。 （2）人员进行振捣作业时，须穿绝缘靴、戴绝缘手套。 （3）在进行钢筋加工时，切割机等加工机械应按照“一机一闸一保护”要求，加装专用开关和保护器	（1）在进行混凝土振捣作业或者钢筋加工作业时，未按照“一机一闸一保护”要求加装专用开关和保护器，设备或电源电缆发生漏电，造成作业人员触电。 （2）人员进行振捣作业时，未穿戴绝缘靴、戴绝缘手套，设备漏电时造成作业人员触电	

序号	安全风险	风险等级	预控措施	易出现的问题	规程规范要求
3	杆塔倾倒	二级	（1）混凝土基础浇筑完成后，应按照要求进行养护，特别冬季施工应采取保暖措施，以保证混凝土基础强度按时达到设计标准。 （2）混凝土基础养护完成后，在进行组立杆塔前，须进行混凝土基础强度检测，检测达到设计标准后方可进行杆塔组立作业	（1）混凝土基础浇筑完成后，未按照要求进行正确养护，导致基础强度无法达到设计要求，造成杆塔倾倒风险。 （2）为赶工期，在混凝土基础养护未达到设计标准要求前，开展杆塔组立，造成杆塔倾倒风险	6.4.3.2.7　使用钢筋弯曲机时，操作人员应站在钢筋活动端的反方向，弯曲小于 400mm 的短钢筋时，要防止钢筋弹出伤人。 6.4.3.3　钢筋安装 6.4.3.3.2　深基坑内钢筋安装时，应在坑边设置安全围栏，坑边 1m 内禁止堆放材料和杂物。坑内使用的材料、工具禁止上下抛掷。 6.4.3.3.3　绑扎框架钢筋时，作业人员不得站在钢筋骨架上，不得攀登柱骨架上下。绑扎柱钢筋，不得站在钢箍上绑扎，不得将木料、管子等穿在钢箍内作脚手板。 6.4.3.3.8　向孔内下钢筋笼时，两人在笼侧面协助找正，对准孔口慢速下笼、到位固定，人员不得下孔摘除吊绳。 6.4.4.2　混凝土浇捣 6.4.4.2.2　卸料时基坑内不得有人，不得将混凝土直接翻入基坑内。 6.4.4.2.5　振捣作业人员应穿好绝缘靴、戴好绝缘手套。搬动振动器或暂停作业应将振动器电源切断。不得将运行中的振动器放在模板、脚手架上。 6.4.4.2.6　作业时不得使用振动器冲击或振动钢筋、模板及预埋件等。 6.5　桩基施工 6.5.2　钻孔灌注桩基础 6.5.2.1　桩机放置应平稳牢靠，并有防止桩机移位或下陷的措施，作业时应保证机身不摇晃，不倾倒。 6.5.2.2　孔顶应埋设钢护筒，其埋深应不小于 1m。不得超负荷进钻。”

（8）组立杆（塔）。本环节作业安全风险及预控措施见表 1－8。

表 1－8　　组立杆（塔）作业安全风险及预控措施

<table>
<tr><th>序号</th><th>安全风险</th><th>风险等级</th><th>预控措施</th><th>易出现的问题</th><th>规程规范要求</th></tr>
<tr><td>1</td><td>交通事故</td><td>二级</td><td>居民区和交通道路附近立、撤杆，须设警戒范围或警告标志，并派人看守</td><td>（1）没有设警戒范围或警告标志。
（2）没有派人看守</td><td rowspan="2">（1）《国家电网公司电力安全工作规程（配电部分）（试行）》：
“6.3　杆塔施工
6.3.1　立、撤杆应设专人统一指挥。开工前，应交代施工方法、指挥信号和安全措施。
6.3.2　居民区和交通道路附近立、撤杆，应设警戒范围或警告标志，并派人看守。
6.3.3　立、撤杆塔时，禁止基坑内有人。除指挥人及指定人员外，其他人员应在杆塔高度的 1.2 倍距离以外。
6.3.4　顶杆及叉杆只能用于竖立 8m 以下的拔梢杆，不得用铁锹、木桩等代用；立杆前，应开好‘马道’；作业人员应均匀分布在电杆两侧。
6.3.5　立杆及修整杆坑，应采用拉绳、叉杆等控制杆身倾斜、滚动。
6.3.6　使用临时拉线的安全要求：
（1）不得利用树木或外露岩石作受力桩。
（2）一个锚桩上的临时拉线不得超过两根。
（3）临时拉线不得固定在有可能移动或其他不可靠的物体上。
（4）临时拉线绑扎工作应由有经验的人员担任。
（5）临时拉线应在永久拉线全部安装完毕承力后方可拆除。
（6）杆塔施工过程需要采用临时拉线过夜时，应对临时拉线采取加固和防盗措施。</td></tr>
<tr><td>2</td><td>物体打击</td><td>二级</td><td>（1）装运电杆须绑扎牢固，并用绳索绞紧，防止移动伤人。
（2）杆塔运输时，装卸方法须正确，防止人员砸伤。
（3）搬运的过道须平坦畅通，夜间搬运应有足够的照明。若需经过山地陡坡或凹凸不平之处，须预先制订运输方案，采取必要的安全措施。
（4）装卸电杆等物件须采取措施，防止散堆伤人。分散卸车时，每卸一根之前，防止其余杆件滚动；每卸完一处，须将车上其余的杆件绑扎牢固后，方可继续运送。
（5）使用机械牵引杆件上山时，将杆身绑牢，钢丝绳不得触磨岩石或坚硬地面，牵引路线两侧 5m 以内，不得有人逗留或通过。
（6）排杆、焊接时，设专人指挥，排杆方法正确无误，防止造成人身伤害</td><td>（1）没有进行绑扎或绑扎不牢固。
（2）装卸方法不正确。
（3）夜间搬运没有足够的照明。
（4）没有采取措施，散堆伤人。
（5）每卸完一处，没有将车上其余的杆件绑扎牢固。
（6）牵引杆件上山时，杆身绑扎不牢固。
（7）牵引路线两侧 5m 以内，有人逗留或通过。
（8）没有设专人指挥。
（9）排杆方法有误</td></tr>
</table>

序号	安全风险	风险等级	预控措施	易出现的问题	规程规范要求
3	杆塔倾倒	二级	（1）立、撤杆设专人统一指挥。开工前，交代施工方法、指挥信号和安全措施。 （2）立、撤杆塔时，禁止基坑内有人。除指挥人及指定人员外，其他人员须在杆塔高度的 1.2 倍距离以外。 （3）立杆及修整杆坑，采用拉绳、叉杆等控制杆身倾斜、滚动。 （4）立杆前，应开好“马道”；作业人员均匀分布在电杆两侧。 （5）杆塔组立时，使用抱杆立杆时，应设专人统一指挥并正确使用抱杆、牵引绳等，防止倒杆事故 （6）不得利用树木或外露岩石作受力桩。 （7）一个锚桩上的临时拉线不得超过两根。 （8）临时拉线不得固定在有可能移动或其他不可靠的物体上。 （9）临时拉线绑扎工作须由有经验的人员担任。 （10）临时拉线在永久拉线全部安装完毕承力后方可拆除。 （11）杆塔施工过程需要采用临时拉线过夜时，须对临时拉线采取加固和防盗措施。 （12）使用吊车立、撤杆塔，钢丝绳套须挂在电杆的适当位置以防止电杆突然倾倒。	（1）没有设专人统一指挥。 （2）没有交代施工方法、指挥信号和安全措施。 （3）基坑内有人通过或逗留。 （4）其他人员在杆塔高度 1.2 倍距离以内通过或逗留。 （5）没有采用拉绳、叉杆等控制杆身倾斜、滚动。 （6）没有正确使用抱杆、牵引绳。 （7）立杆前，“马道”未布置好或布置不标准。 （8）作业人员没有均匀分布在电杆两侧或在电杆下方。 （9）用树木或外露岩石作受力桩。 （10）一个锚桩上的临时拉线超过两根。 （11）临时拉线固定在有可能移动或其他不可靠的物体上。 （12）临时拉线绑扎工作随意找人担任。 （13）永久拉线还没有安装完毕就拆除临时拉线。 （14）采用临时拉线过夜时，没有对临时拉线采取加固和防盗措施。 （15）钢丝绳套没有挂在适当位置。 （16）没有检查各受力、联结部位的情况。	6.3.8　使用吊车立、撤杆塔，钢丝绳套应挂在电杆的适当位置以防止电杆突然倾倒。撤杆时，应先检查有无卡盘或障碍物并试拔。 6.3.11　整体立、撤杆塔前，应全面检查各受力、联结部位情况，全部满足要求方可起吊。 6.3.12　在带电线路、设备附近立、撤杆塔，杆塔、拉线、临时拉线、起重设备、起重绳索应与带电线路、设备保持表 6－1 所规定的安全距离，且应有防止立、撤杆过程中拉线跳动和杆塔倾斜接近带电导线的措施。 6.3.13　已经立起的杆塔，回填夯实后方可撤去拉绳及叉杆。 16.3　运输 16.3.1　搬运的过道应平坦畅通，夜间搬运，应有足够的照明。若需经过山地陡坡或凹凸不平之处，应预先制订运输方案，采取必要的安全措施。 16.3.2　装运电杆、变压器和线盘应绑扎牢固，并用绳索绞紧。水泥杆、线盘的周围应塞牢，防止滚动、移动伤人。运载超长、超高或重大物件时，物件重心应与车厢承重中心基本一致，超长物件尾部应设标志。禁止客货混装。 16.3.3　装卸电杆等物件应采取措施，防止散堆伤人。分散卸车时，每卸一根之前，应防止其余杆件滚动；每卸完一处，应将车上其余的杆件绑扎牢固后，方可继续运送。 16.3.4　使用机械牵引杆件上山时，应将杆身绑牢，钢丝绳不得触磨岩石或坚硬地面，牵引路线两侧 5m 以内，不得有人逗留或通过。”

续表 1－8

序号	安全风险	风险等级	预控措施	易出现的问题	规程规范要求
3	杆塔倾倒	二级	（13）整体立、撤杆塔前，须全面检查各受力、联结部位情况，全部满足要求方可起吊。 （14）已经立起的杆塔，回填夯实后方可撤去拉绳及叉杆。 （15）杆塔与基础对接完成后，应检查地脚螺栓的垫圈、螺母齐全、螺母紧固到位后方可上杆作业	（17）杆塔基础没有进行回填或夯实不牢固。 （18）杆塔与基础对接完后，地脚螺栓未安装齐全，螺母未安装齐全、未紧固到位，造成杆塔倾倒事件	（2）《国家电网公司电力安全工作规程（电网建设部分）（试行）》： “9.2　钢筋混凝土电杆排杆 9.2.1　滚动杆段时滚动前方不应有人。杆段顺向移动时，应随时将支垫处用木楔掩牢。 9.2.2　用棍、杠撬拨杆段时，应防止其滑脱伤人。不得用铁撬棍插入预埋孔转动杆段。 9.2.3　排杆处地形不平或土质松软，应先平整或支垫坚实，必要时杆段应用绳索锚固。 9.2.4　杆段应支垫两点，支垫处两侧应用木楔掩牢。 9.2.5　作业点周围5m内的易燃易爆物应清除干净。 9.2.6　对两端封闭的钢筋混凝土电杆，应先在其一端凿排气孔，然后施焊，焊接结束应及时采取防腐措施。”
4	杆塔断裂	二级	杆塔组立时，用吊车立杆，设专人指挥，正确使用吊车，防止杆塔损坏和人身伤害	未设专人指挥，造成人身伤害和杆塔损伤	
5	误碰带电部位	二级	（1）在带电线路、设备附近立、撤杆塔，杆塔、拉线、临时拉线、起重设备、起重绳索须与带电线路、设备保持《国家电网公司电力安全工作规程（配电部分）（试行）》表6－1所规定的安全距离，且设有防止立、撤杆过程中拉线跳动和杆塔倾斜接近带电导线的措施。 （2）杆塔组立时，吊车应装设接地线。严禁吊臂误碰带电部位。 （3）排杆、焊接使用发电机等焊接设备时，采取防触电措施，焊接人员应采取防护措施	（1）杆塔、拉线、临时拉线、起重设备、起重绳索没有与带电线路、设备保持安全距离。 （2）没有做防止拉线跳动和杆塔倾斜接近带电导线的安全措施。 （3）吊车没有装设接地线。 （4）吊臂误碰带电部位。 （5）没有采取防触电措施。 （6）焊接人员没有采取防护措施	

（9）拉线制作安装。本环节作业安全风险及预控措施见表 1－9。

表 1－9　拉线制作安装作业安全风险及预控措施

序号	安全风险	风险等级	预控措施	易出现的问题	规程规范要求
1	物体打击	一级	制作拉线时，人员配合应协调一致，防止钢绞线反弹造成人身伤害	钢绞线反弹，造成人身伤害	《国家电网公司电力安全工作规程（配电部分）（试行）》： “6.2　杆塔上作业 6.2.1　登杆塔前，应做好以下工作： （1）核对线路名称和杆号。 （2）检查杆根、基础和拉线是否牢固。 （3）检查杆塔上是否有影响攀登的附属物。 （4）遇有冲刷、起土、上拔或导地线、拉线松动的杆塔，应先培土加固、打好临时拉线或支好架杆。 （5）检查登高工具、设施（如脚扣、升降板、安全带、梯子和脚钉、爬梯、防坠装置等）是否完整牢靠。 （6）攀登有覆冰、积雪、积霜、雨水的杆塔时，应采取防滑措施。 （7）攀登过程中应检查横向裂纹和金具锈蚀情况。 6.2.3　杆塔上作业应注意以下安全事项： （1）作业人员攀登杆塔、杆塔上移位及杆塔上作业时，手扶的构件应牢固，不得失去安全保护，并有防止安全带从杆顶脱出或被锋利物损坏的措施。 （2）在杆塔上作业时，宜使用有后备保护绳或速差自锁器的双控背带式安全带，安全带和保护绳应分挂在杆塔不同部位的牢固构件上。
2	高处坠落	二级	（1）作业人员攀登杆塔、杆塔上移位及杆塔上作业时，手扶的构件应牢固，不得失去安全保护，并有防止安全带从杆顶脱出或被锋利物损坏的措施。 （2）在杆塔上作业时，使用有后备保护绳或速差自锁器的双控背带式安全带，安全带和保护绳须分挂在杆塔不同部位的牢固构件上。 （3）上横担前，检查横担腐蚀情况、联结是否牢固，检查时安全带（绳）系在主杆或牢固的构件上。 （4）在人员密集或有人员通过的地段进行杆塔上作业时，作业点下方按坠落半径设围栏或其他保护措施。 （5）杆塔上下无法避免垂直交叉作业时，做好防落物伤人的措施，作业时要相互照应，密切配合。 （6）杆塔上作业时不得从事与工作无关的活动	（1）手扶的构件不牢固，失去安全保护。 （2）没有防止安全带从杆顶脱出或被锋利物损坏的措施。 （3）没有使用有后备保护绳或速差自锁器的双控背带式安全带。 （4）安全带和保护绳挂在同一部位的构件上，没有检查横担腐蚀情况、联结是否牢固。 （5）作业点下方没有设围栏或其他保护措施。 （6）没有做好防落物伤人的措施。 （7）作业人员从事与工作无关的活动	

续表 1－9

序号	安全风险	风险等级	预控措施	易出现的问题	规程规范要求
3	高空坠物	二级	传递工具、拉线抱箍及拉线时须拴牢，防止坠物伤人	工具或金具发生掉落，落物伤人	（3）上横担前，应检查横担腐蚀情况、联结是否牢固，检查时安全带（绳）应系在主杆或牢固的构件上。 （4）在人员密集或有人员通过的地段进行杆塔上作业时，作业点下方应按坠落半径设围栏或其他保护措施。 （5）杆塔上下无法避免垂直交叉作业时，应做好防落物伤人的措施，作业时要相互照应，密切配合。 （6）杆塔上作业时不得从事与工作无关的活动。”

（10）铁附件安装。本环节作业安全风险及预控措施见表 1－10。

表 1－10　　铁附件安装作业安全风险及预控措施

序号	安全风险	风险等级	预控措施	易出现的问题	规程规范要求
1	高处坠落	二级	（1）正确使用安全带（绳），防止高空坠落。 （2）攀登杆塔、杆塔上移位及杆塔上作业时，手扶的构件须牢固，不得失去安全保护，并有防止安全带从杆顶脱出或被锋利物损坏的措施。 （3）在杆塔上作业时，须使用有后备保护绳或速差自锁器的双控背带式安全带，安全带和保护绳分挂在杆塔不同部位的牢固构件上。 （4）上横担前，检查横担腐蚀情况、联结是否牢固，检查时安全带（绳）系在主杆或牢固的构件上。	（1）作业人员发生高空坠落，人员受伤。 （2）手扶的构件不牢固，失去安全保护。 （3）没有防止安全带从杆顶脱出或被锋利物损坏的措施。 （4）没有使用有后备保护绳或速差自锁器的双控背带式安全带。 （5）安全带和保护绳挂在同一部位的构件上。 （6）没有检查横担腐蚀情况、联结是否牢固。 （7）作业点下方没有设围栏或其他保护措施。	（1）《国家电网公司电力安全工作规程（配电部分）（试行）》： “6.2　杆塔上作业 6.2.1　登杆塔前，应做好以下工作： （1）核对线路名称和杆号。 （2）检查杆根、基础和拉线是否牢固。 （3）检查杆塔上是否有影响攀登的附属物。 （4）遇有冲刷、起土、上拔或导地线、拉线松动的杆塔，应先培土加固、打好临时拉线或支好架杆。 （5）检查登高工具、设施（如脚扣、升降板、安全带、梯子和脚钉、爬梯、防坠装置等）是否完整牢靠。

续表 1－10

序号	安全风险	风险等级	预控措施	易出现的问题	规程规范要求
1	高处坠落	二级	（5）在人员密集或有人员通过的地段进行杆塔上作业时，作业点下方应按坠落半径设围栏或其他保护措施。 （6）杆塔上下无法避免垂直交叉作业时，做好防落物伤人的措施，作业时要相互照应，密切配合。 （7）杆塔上作业时不得从事与工作无关的活动。 （8）附件安装前，作业人员须对专用工具和安全用具进行外观检查，不符合要求者不得使用。 （9）附件安装时，安全绳或速差自控器须拴在横担主材上。安装间隔棒时，安全带须挂在一根子导线上，后备保护绳拴在整相导线上	（8）没有做好防落物伤人的措施。 （9）作业人员从事与工作无关的活动。 （10）没有对专用工具和安全用具进行外观检查。 （11）安全绳或速差自控器没有拴在横担主材上。 （12）安全带没有挂在一根子导线上，后备保护绳没有拴在整相导线上	（6）攀登有覆冰、积雪、积霜、雨水的杆塔时，应采取防滑措施。 （7）攀登过程中应检查横向裂纹和金具锈蚀情况。 6.2.2 杆塔作业应禁止以下行为： （1）攀登杆基未完全牢固或未做好临时拉线的新立杆塔。 （2）携带器材登杆或在杆塔上移位。 （3）利用绳索、拉线上下杆塔或顺杆下滑。 6.2.3 杆塔上作业应注意以下安全事项： （1）作业人员攀登杆塔、杆塔上移位及杆塔上作业时，手扶的构件应牢固，不得失去安全保护，并有防止安全带从杆顶脱出或被锋利物损坏的措施。 （2）在杆塔上作业时，宜使用有后备保护绳或速差自锁器的双控背带式安全带，安全带和保护绳应分挂在杆塔不同部位的牢固构件上。 （3）上横担前，应检查横担腐蚀情况、联结是否牢固，检查时安全带（绳）应系在主杆或牢固的构件上。 （4）在人员密集或有人员通过的地段进行杆塔上作业时，作业点下方应按坠落半径设围栏或其他保护措施。 （5）杆塔上下无法避免垂直交叉作业时，应做好防落物伤人的措施，作业时要相互照应，密切配合。 （6）杆塔上作业时不得从事与工作无关的活动。 6.2.4 在杆塔上使用梯子或临时工作平台，应将两端与固定物可靠连接，一般应由一人在其上作业。
2	高空坠物	二级	（1）工具或材料须放在工具袋内或用绳索绑扎，上下传递物品使用绳索，严禁抛掷，防止高处坠物伤人。 （2）杆上作业，工器具、横担须放置牢固，严禁上下抛掷，严禁有人在作业点下方行走或站立。 （3）相邻杆塔不得同时在同相（极）位安装附件，作业点垂直下方不得有人	（1）工具放置不牢固，落物伤人。 （2）作业点下方有人行走或站立。 （3）相邻杆塔作业时，在同相（极）位安装附件。 （4）作业点垂直下方有人通过或逗留	

续表 1－10

序号	安全风险	风险等级	预控措施	易出现的问题	规程规范要求
2	高空坠物	二级			6.2.5 雷电时，禁止线路杆塔上作业。” （2）《国家电网公司电力安全工作规程（电网建设部分）（试行）》： “10.7 附件安装 10.7.1 附件安装前，作业人员应对专用工具和安全用具进行外观检查，不符合要求者不得使用。 10.7.2 相邻杆塔不得同时在同相（极）位安装附件，作业点垂直下方不得有人。 10.7.4 附件安装时，安全绳或速差自控器应拴在横担主材上。安装间隔棒时，安全带应挂在一根子导线上，后备保护绳应拴在整相导线上。 10.7.5 在跨越电力线、铁路、公路或通航河流等的线段杆塔上安装附件时，应采取防止导线或地线坠落的措施。”

（11）绝缘子安装。本环节作业安全风险及预控措施见表 1－11。

表 1－11　　绝缘子安装作业安全风险及预控措施

序号	安全风险	风险等级	预控措施	易出现的问题	规程规范要求
1	高处坠落	二级	（1）正确使用安全带（绳），防止高空坠落。 （2）作业人员攀登杆塔、杆塔上移位及杆塔上作业时，手扶的构件应牢固，不得失去安全保护，并有防止安全带从杆顶脱出或被锋利物损坏的措施。	（1）安全带（绳）断裂或松脱，造成人员坠落。 （2）手扶的构件不牢固，失去安全保护。 （3）没有防止安全带从杆顶脱出或被锋利物损坏的措施。 （4）没有使用有后备保护绳或速差自锁器的双控背带式安全带。	《国家电网公司电力安全工作规程（配电部分）（试行）》： “6.2 杆塔上作业 6.2.1 登杆塔前，应做好以下工作： （1）核对线路名称和杆号。 （2）检查杆根、基础和拉线是否牢固。 （3）检查杆塔上是否有影响攀登的附属物。

<table>
<tr><th>序号</th><th>安全风险</th><th>风险等级</th><th>预控措施</th><th>易出现的问题</th><th>规程规范要求</th></tr>
<tr><td>1</td><td>高处坠落</td><td>二级</td><td>（3）在杆塔上作业时，须使用有后备保护绳或速差自锁器的双控背带式安全带，安全带和保护绳分挂在杆塔不同部位的牢固构件上。
（4）上横担前，检查横担腐蚀情况、联结是否牢固，检查时安全带（绳）系在主杆或牢固的构件上。
（5）在人员密集或有人员通过的地段进行杆塔上作业时，作业点下方须按坠落半径设围栏或其他保护措施。
（6）杆塔上下无法避免垂直交叉作业时，须做好防落物伤人的措施，作业时要相互照应，密切配合。
（7）杆塔上作业时不得从事与工作无关的活动</td><td>（5）安全带和保护绳挂在同一部位的构件上。
（6）没有检查横担腐蚀情况、联结是否牢固。
（7）作业点下方没有设围栏或其他保护措施。
（8）没有做好防落物伤人的措施。
（9）作业人员从事与工作无关的活动</td><td rowspan="2">（4）遇有冲刷、起土、上拔或导地线、拉线松动的杆塔，应先培土加固、打好临时拉线或支好架杆。
（5）检查登高工具、设施（如脚扣、升降板、安全带、梯子和脚钉、爬梯、防坠装置等）是否完整牢靠。
（6）攀登有覆冰、积雪、积霜、雨水的杆塔时，应采取防滑措施。
（7）攀登过程中应检查横向裂纹和金具锈蚀情况。
6.2.2　杆塔作业应禁止以下行为：
（1）攀登杆基未完全牢固或未做好临时拉线的新立杆塔。
（2）携带器材登杆或在杆塔上移位。
（3）利用绳索、拉线上下杆塔或顺杆下滑。
6.2.3　杆塔上作业应注意以下安全事项：
（1）作业人员攀登杆塔、杆塔上移位及杆塔上作业时，手扶的构件应牢固，不得失去安全保护，并有防止安全带从杆顶脱出或被锋利物损坏的措施。
（2）在杆塔上作业时，宜使用有后备保护绳或速差自锁器的双控背带式安全带，安全带和保护绳应分挂在杆塔不同部位的牢固构件上。
（3）上横担前，应检查横担腐蚀情况、联结是否牢固，检查时安全带（绳）应系在主杆或牢固的构件上。
（4）在人员密集或有人员通过的地段进行杆塔上作业时，作业点下方应按坠落半径设围栏或其他保护措施。</td></tr>
<tr><td>2</td><td>高空坠物</td><td>二级</td><td>高空作业工具放置牢固，禁止上下抛掷，防止落物伤人</td><td>工具放置不牢固，落物伤人</td></tr>
</table>

续表 1－11

序号	安全风险	风险等级	预控措施	易出现的问题	规程规范要求
2	高空坠物	二级			（5）杆塔上下无法避免垂直交叉作业时，应做好防落物伤人的措施，作业时要相互照应，密切配合。 （6）杆塔上作业时不得从事与工作无关的活动。 6.2.4 在杆塔上使用梯子或临时工作平台，应将两端与固定物可靠连接，一般应由一人在其上作业。 6.2.5 雷电时，禁止线路杆塔上作业。”

（12）放线。本环节作业安全风险及预控措施见表 1－12。

表 1－12　　放线作业安全风险及预控措施

序号	安全风险	风险等级	预控措施	易出现的问题	规程规范要求
1	导线脱落	二级	（1）放线过程中，须采取防止导线或地线坠落的措施；采用以旧线带新线的方式施工的，检查确认旧导线完好牢固。 （2）放线过程中，检查导线无障碍物挂住，导线与牵引绳连接可靠。 （3）同杆架设的多回线路放线时，须采取防止磨线或导线缠绕的措施	（1）导线挂住障碍物，导线与牵引绳连接不可靠。 （2）同杆架设的多回线路发生磨线或导线缠绕。 （3）导线从杆塔脱落	《国家电网公司电力安全工作规程（配电部分）（试行）》： “6.4 放线、紧线与撤线 6.4.1 放线、紧线与撤线工作均应有专人指挥、统一信号，并做到通信通畅、加强监护。 6.4.2 在交叉跨越各种线路、铁路、公路、河流等地方放线、撤线，应先取得有关主管部门同意，做好跨越架搭设、封航、封路、在路口设专人持信号旗看守等安全措施。 6.4.3 工作前应检查确认放线、紧线与撤线工具及设备符合要求。 6.4.4 放线、紧线前，应检查确认导线无障碍物挂住，导线与牵引绳的连接应可靠，线盘架应稳固可靠、转动灵活、制动可靠。

续表 1－12

序号	安全风险	风险等级	预控措施	易出现的问题	规程规范要求
2	触电	三级	若放线通道中有带电线路和带电设备，应与之保持安全距离，无法保证安全距离时应采取搭设跨越架等措施或停电	需搭设跨越架的地方未搭设跨越架，造成触电事故	6.4.5　紧线、撤线前，应检查拉线、桩锚及杆塔。必要时，应加固桩锚或增设临时拉线。拆除杆上导线前，应检查杆根，做好防止倒杆措施，在挖坑前应先绑好拉绳。 6.4.6　放线、紧线时，遇接线管或接线头过滑轮、横担、树枝、房屋等处有卡、挂现象，应松线后处理。处理时操作人员应站在卡线处外侧，采用工具、大绳等撬、拉导线。禁止用手直接拉、推导线。 6.4.7　放线、紧线与撤线时，作业人员不应站在或跨在已受力的牵引绳、导线的内角侧，展放的导线圈内以及牵引绳或架空线的垂直下方。 6.4.8　放、撤导线应有人监护，注意与高压导线的安全距离，并采取措施防止与低压带电线路接触。 6.4.9　禁止采用突然剪断导线的做法松线。 6.4.10　采用以旧线带新线的方式施工，应检查确认旧导线完好牢固；若放线通道中有带电线路和带电设备，应与之保持安全距离，无法保证安全距离时应采取搭设跨越架等措施或停电。牵引过程中应安排专人跟踪新旧导线连接点，发现问题立即通知停止牵引。 6.4.11　在交通道口采取无跨越架施工时，应采取措施防止车辆挂碰施工线路。 16.2　起重 16.2.1　起吊重物前，应由起重工作负责人检查悬吊情况及所吊物件的捆绑情况，确认可靠后方可试行起吊。起吊重物稍离地面（或支持物），应再次检查各受力部位，确认无异常情况后方可继续起吊。
3	机械伤害	二级	（1）起吊物件绑扎牢固，若物件有棱角或特别光滑的部位时，在棱角和滑面与绳索（吊带）接触处须加以包垫。 （2）汽车式起重机行驶时，上车操作室不得坐人。 （3）在起吊、牵引过程中，受力钢丝绳的周围、上下方、转向滑车内角侧、吊臂和起吊物的下面，禁止有人逗留和通过	（1）物件绑扎不牢固。 （2）物件棱角或特别光滑的部位没有加以包垫。 （3）起重机行驶时，上车操作室有人。 （4）受力钢丝绳的周围、上下方、转向滑车内角侧、吊臂和起吊物下面有人逗留和通过	
4	交通事故	二级	在交叉跨越各种线路、公路、河流等地方放线，须先取得有关主管部门同意，做好跨越架搭设、封航、封路、在路口设专人持信号旗看守等安全措施	发生导线与车辆剐蹭等交通事故	
5	公路通行中断、铁路停运	四级	在 10（20）kV 跨越铁路、高速公路、交通要道、电力线路或邻近带电线路组立（拆除）杆塔、架设（拆除）导地线、光缆等作业时： （1）放、撤导线应有人监护，注意与高压导线的安全距离，并采取措施防止与带电线路接触。 （2）跨越架搭设至拆除时段内全过程必须设专人看护，随时调整承载索对被跨越物的安全距离，及时反馈牵引情况，保证牵引绳和导地线及走板不触及防护网，夜间须加强看护跨越设施	（1）在拆除原有导线时，跨越架搭设不规范。 （2）牵引过程中监护不到位，导线脱落影响铁路、一级公路通行	

续表 1－12

序号	安全风险	风险等级	预控措施	易出现的问题	规程规范要求
5	公路通行中断、铁路停运	四级			16.2.2　起吊物件应绑扎牢固，若物件有棱角或特别光滑的部位时，在棱角和滑面与绳索（吊带）接触处应加以包垫。起重吊钩应挂在物件的重心线上。起吊电杆等长物件应选择合理的吊点，并采取防止突然倾倒的措施。 16.2.3　在起吊、牵引过程中，受力钢丝绳的周围、上下方、转向滑车内角侧、吊臂和起吊物的下面，禁止有人逗留和通过。 16.2.4　汽车式起重机行驶时，上车操作室不得坐人。”

（13）紧线。本环节作业安全风险及预控措施见表 1－13。

表 1－13　　紧线作业安全风险及预控措施

序号	安全风险	风险等级	预控措施	易出现的问题	规程规范要求
1	触电	三级	若放线通道中有带电线路和带电设备，应与之保持安全距离，无法保证安全距离时应采取搭设跨越架等措施或停电	需搭设跨越架的地方未搭设跨越架，造成触电事故	《国家电网公司电力安全工作规程（配电部分）（试行）》： “6.4　放线、紧线与撤线 6.4.1　放线、紧线与撤线工作均应有专人指挥、统一信号，并做到通信通畅、加强监护。 6.4.2　在交叉跨越各种线路、铁路、公路、河流等地方放线、撤线，应先取得有关主管部门同意，做好跨越架搭设、封航、封路、在路口设专人持信号旗看守等安全措施。 6.4.3　工作前应检查确认放线、紧线与撤线工具及设备符合要求。 6.4.4　放线、紧线前，应检查确认导线无障碍物挂住，导线与牵引绳的连接应可靠，线盘架应稳固可靠、转动灵活、制动可靠。
2	机械伤害	二级	（1）起吊物件须绑扎牢固，若物件有棱角或特别光滑的部位时，在棱角和滑面与绳索（吊带）接触处应加以包垫。 （2）汽车式起重机行驶时，上车操作室不得坐人。 （3）在起吊、牵引过程中，受力钢丝绳的周围、上下方、转向滑车内角侧、吊臂和起吊物的下面，禁止有人逗留和通过	（1）物件绑扎不牢固。 （2）物件棱角或特别光滑的部位没有加以包垫。 （3）起重机行驶时，上车操作室有人。 （4）受力钢丝绳的周围、上下方、转向滑车内角侧、吊臂和起吊物下面有人逗留和通过	

续表 1－13

序号	安全风险	风险等级	预控措施	易出现的问题	规程规范要求
3	导线脱落	二级	（1）紧线过程中，保证导线位于滑轮凹槽中，且无卡、挂现象。 （2）紧线过程中，耐张线夹须紧固到位，防止跑线或导线脱落。 （3）紧线前，检查导线无障碍物挂住，导线与牵引绳连接可靠。 （4）同杆架设的多回线路紧线时，须采取防止磨线或导线缠绕的措施	（1）导线挂住障碍物，导线与牵引绳连接不可靠。 （2）同杆架设的多回线路发生磨线或导线缠绕。 （3）紧线过程中，导线头过滑轮、横担时，发生卡、挂现象。 （4）发生导线脱落	6.4.5 紧线、撤线前，应检查拉线、桩锚及杆塔。必要时，应加固桩锚或增设临时拉线。拆除杆上导线前，应检查杆根，做好防止倒杆措施，在挖坑前应先绑好拉绳。 6.4.6 放线、紧线时，遇接线管或接线头过滑轮、横担、树枝、房屋等处有卡、挂现象，应松线后处理。处理时操作人员应站在卡线处外侧，采用工具、大绳等撬、拉导线。禁止用手直接拉、推导线。 6.4.7 放线、紧线与撤线时，作业人员不应站在或跨在已受力的牵引绳、导线的内角侧，展放的导线圈内以及牵引绳或架空线的垂直下方。 6.4.8 放、撤导线应有人监护，注意与高压导线的安全距离，并采取措施防止与低压带电线路接触。 6.4.9 禁止采用突然剪断导线的做法松线。 6.4.10 采用以旧线带新线的方式施工，应检查确认旧导线完好牢固；若放线通道中有带电线路和带电设备，应与之保持安全距离，无法保证安全距离时应采取搭设跨越架等措施或停电。牵引过程中应安排专人跟踪新旧导线连接点，发现问题立即通知停止牵引。 6.4.11 在交通道口采取无跨越架施工时，应采取措施防止车辆挂碰施工线路。 16.2 起重 16.2.1 起吊重物前，应由起重工作负责人检查悬吊情况及所吊物件的捆绑情况，确认可靠后方可试行起吊。起吊重物稍离地面（或支持物），应再次检查各受力部位，确认无异常情况后方可继续起吊。
4	杆塔倾倒	三级	（1）紧线过程中，须加固桩锚或增设临时拉线。 （2）紧线过程中，随时观察杆塔受力及导线弧垂情况，防止牵引过度	（1）牵引过度造成弧垂过小，引发断线、杆塔倒塌。 （2）紧线前未装设临时拉线，造成杆塔倒塌	

续表 1－13

序号	安全风险	风险等级	预控措施	易出现的问题	规程规范要求
4	杆塔倾倒	三级			16.2.2　起吊物件应绑扎牢固，若物件有棱角或特别光滑的部位时，在棱角和滑面与绳索（吊带）接触处应加以包垫。起重吊钩应挂在物件的重心线上。起吊电杆等长物件应选择合理的吊点，并采取防止突然倾倒的措施。 16.2.3　在起吊、牵引过程中，受力钢丝绳的周围、上下方、转向滑车内角侧、吊臂和起吊物的下面，禁止有人逗留和通过。 16.2.4　汽车式起重机行驶时，上车操作室不得坐人。”

（14）导线固定。本环节作业安全风险及预控措施见表 1－14。

表 1－14　　导线固定作业安全风险及预控措施

序号	安全风险	风险等级	预控措施	易出现的问题	规程规范要求
1	高处坠落	二级	（1）须正确使用安全带（绳），防止高空坠落。 （2）作业人员攀登杆塔、杆塔上移位及杆塔上作业时，手扶的构件须牢固，不得失去安全保护，并有防止安全带从杆顶脱出或被锋利物损坏的措施。 （3）在杆塔上作业时，须使用有后备保护绳或速差自锁器的双控背带式安全带，安全带和保护绳分挂在杆塔不同部位的牢固构件上。 （4）上横担前，须检查横担腐蚀情况、联结是否牢固，检查时安全带（绳）系在主杆或牢固的构件上。	（1）没有正确使用安全带（绳）。 （2）手扶的构件不牢固，失去安全保护。 （3）没有防止安全带从杆顶脱出或被锋利物损坏的措施。 （4）没有使用有后备保护绳或速差自锁器的双控背带式安全带。 （5）安全带和保护绳挂在同一部位的构件上。 （6）没有检查横担腐蚀情况、联结是否牢固。 （7）作业点下方没有设围栏或其他保护措施。	《国家电网公司电力安全工作规程（配电部分）（试行）》： “6.2　杆塔上作业 6.2.1　登杆塔前，应做好以下工作： （1）核对线路名称和杆号。 （2）检查杆根、基础和拉线是否牢固。 （3）检查杆塔上是否有影响攀登的附属物。 （4）遇有冲刷、起土、上拔或导地线、拉线松动的杆塔，应先培土加固、打好临时拉线或支好架杆。 （5）检查登高工具、设施（如脚扣、升降板、安全带、梯子和脚钉、爬梯、防坠装置等）是否完整牢靠。

续表 1－14

<table>
<tr><th>序号</th><th>安全风险</th><th>风险等级</th><th>预控措施</th><th>易出现的问题</th><th>规程规范要求</th></tr>
<tr><td>1</td><td>高处坠落</td><td>二级</td><td>（5）在人员密集或有人员通过的地段进行杆塔上作业时，作业点下方须按坠落半径设围栏或其他保护措施。
（6）杆塔上下无法避免垂直交叉作业时，做好防落物伤人的措施，作业时要相互照应，密切配合。
（7）杆塔上作业时不得从事与工作无关的活动</td><td>（8）没有做好防落物伤人的措施。
（9）作业人员从事与工作无关的活动</td><td rowspan="3">（6）攀登有覆冰、积雪、积霜、雨水的杆塔时，应采取防滑措施。
（7）攀登过程中应检查横向裂纹和金具锈蚀情况。
6.2.2　杆塔作业应禁止以下行为：
（1）攀登杆基未完全牢固或未做好临时拉线的新立杆塔。
（2）携带器材登杆或在杆塔上移位。
（3）利用绳索、拉线上下杆塔或顺杆下滑。
6.2.3　杆塔上作业应注意以下安全事项：
（1）作业人员攀登杆塔、杆塔上移位及杆塔上作业时，手扶的构件应牢固，不得失去安全保护，并有防止安全带从杆顶脱出或被锋利物损坏的措施。
（2）在杆塔上作业时，宜使用有后备保护绳或速差自锁器的双控背带式安全带，安全带和保护绳应分挂在杆塔不同部位的牢固构件上。
（3）上横担前，应检查横担腐蚀情况、联结是否牢固，检查时安全带（绳）应系在主杆或牢固的构件上。
（4）在人员密集或有人员通过的地段进行杆塔上作业时，作业点下方应按坠落半径设围栏或其他保护措施。
（5）杆塔上下无法避免垂直交叉作业时，应做好防落物伤人的措施，作业时要相互照应，密切配合。
（6）杆塔上作业时不得从事与工作无关的活动。
6.2.4　在杆塔上使用梯子或临时工作平台，应将两端与固定物可靠连接，一般应由一人在其上作业。
6.2.5　雷电时，禁止线路杆塔上作业。”</td></tr>
<tr><td>2</td><td>高空坠物</td><td>二级</td><td>（1）高空作业工具须放置牢固，禁止上下抛掷，防止落物伤人。
（2）杆上作业，工器具、横担须放置牢固，严禁上下抛掷，严禁有人在作业点下方行走或站立</td><td>（1）工具放置不牢固。
（2）作业点下方有人行走或站立，发生落物伤人</td></tr>
<tr><td>3</td><td>导线脱落</td><td>二级</td><td>金具螺栓须紧固并采取后备保护措施，防止导线脱落</td><td>金具螺栓未按照要求紧固到位，发生导线脱落</td></tr>
</table>

（15）引流线安装。本环节作业安全风险及预控措施见表 1－15。

表 1－15　　引流线安装作业安全风险及预控措施

序号	安全风险	风险等级	预控措施	易出现的问题	规程规范要求
1	高处坠落	二级	（1）正确使用安全带（绳），防止高空坠落。 （2）攀登杆塔、杆塔上移位及杆塔上作业时，手扶的构件须牢固，不得失去安全保护，并有防止安全带从杆顶脱出或被锋利物损坏的措施。 （3）在杆塔上作业时，须使用有后备保护绳或速差自锁器的双控背带式安全带，安全带和保护绳分挂在杆塔不同部位的牢固构件上。 （4）上横担前，检查横担腐蚀情况、联结是否牢固，检查时安全带（绳）系在主杆或牢固的构件上。 （5）在人员密集或有人员通过的地段进行杆塔上作业时，作业点下方须按坠落半径设围栏或其他保护措施。 （6）杆塔上下无法避免垂直交叉作业时，须做好防落物伤人的措施，作业时要相互照应，密切配合。 （7）杆塔上作业时不得从事与工作无关的活动	（1）没有正确使用安全带（绳）。 （2）手扶的构件不牢固，失去安全保护。 （3）没有防止安全带从杆顶脱出或被锋利物损坏的措施。 （4）没有使用有后备保护绳或速差自锁器的双控背带式安全带。 （5）安全带和保护绳挂在同一部位的构件上。 （6）没有检查横担腐蚀情况、联结是否牢固。 （7）作业点下方没有设围栏或其他保护措施。 （8）没有做好防落物伤人的措施。 （9）作业人员从事与工作无关的活动	《国家电网公司电力安全工作规程（配电部分）（试行）》： “6.2　杆塔上作业 6.2.1　登杆塔前，应做好以下工作： （1）核对线路名称和杆号。 （2）检查杆根、基础和拉线是否牢固。 （3）检查杆塔上是否有影响攀登的附属物。 （4）遇有冲刷、起土、上拔或导地线、拉线松动的杆塔，应先培土加固、打好临时拉线或支好架杆。 （5）检查登高工具、设施（如脚扣、升降板、安全带、梯子和脚钉、爬梯、防坠装置等）是否完整牢靠。 （6）攀登有覆冰、积雪、积霜、雨水的杆塔时，应采取防滑措施。 （7）攀登过程中应检查横向裂纹和金具锈蚀情况。 6.2.2　杆塔作业应禁止以下行为： （1）攀登杆基未完全牢固或未做好临时拉线的新立杆塔。 （2）携带器材登杆或在杆塔上移位。 （3）利用绳索、拉线上下杆塔或顺杆下滑。 6.2.3　杆塔上作业应注意以下安全事项： （1）作业人员攀登杆塔、杆塔上移位及杆塔上作业时，手扶的构件应牢固，不得失去安全保护，并有防止安全带从杆顶脱出或被锋利物损坏的措施。

续表 1－15

序号	安全风险	风险等级	预控措施	易出现的问题	规程规范要求
2	高空坠物	二级	（1）高空作业工具须放置牢固，禁止上下抛掷，防止落物伤人。 （2）杆上作业，工器具、横担须放置牢固，严禁上下抛掷，严禁有人在作业点下方行走或站立	（1）工具放置不牢固。 （2）作业点下方有人行走或站立，发生落物伤人	（2）在杆塔上作业时，宜使用有后备保护绳或速差自锁器的双控背带式安全带，安全带和保护绳应分挂在杆塔不同部位的牢固构件上。 （3）上横担前，应检查横担腐蚀情况、联结是否牢固，检查时安全带（绳）应系在主杆或牢固的构件上。 （4）在人员密集或有人员通过的地段进行杆塔上作业时，作业点下方应按坠落半径设围栏或其他保护措施。 （5）杆塔上下无法避免垂直交叉作业时，应做好防落物伤人的措施，作业时要相互照应，密切配合。 （6）杆塔上作业时不得从事与工作无关的活动。 6.2.4 在杆塔上使用梯子或临时工作平台，应将两端与固定物可靠连接，一般应由一人在其上作业。 6.2.5 雷电时，禁止线路杆塔上作业。”

（16）设备安装调试（断路器、隔离开关、避雷器、自动化设备、故障寻址器、验电接地环、驱鸟器等）。本环节作业安全风险及预控措施见表 1－16。

表 1－16　　设备安装调试作业安全风险及预控措施

<table>
<tr><th>序号</th><th>安全风险</th><th>风险等级</th><th>预控措施</th><th>易出现的问题</th><th>规程规范要求</th></tr>
<tr><td>1</td><td>触电</td><td>三级</td><td>（1）工作至少由两人进行，一人操作、一人监护。
（2）联调工作开始前，由工作负责人确认调试设备通电范围内确无工作人员，调试范围设安全围栏
（3）试验电源和试验设备可靠接地。检查剩余电流动作保护器是否正确动作。
（4）调试需要拉开接地开关时，须征得工作负责人同意。
（5）通电过程中，严禁 TV 二次短路、TA 二次开路；工作时须有防倒送电的措施</td><td>（1）没有设监护人。
（2）没有设安全围栏。
（3）试验电源和试验设备没有可靠接地。
（4）需要拉开接地开关时，自行拉开，没有征得工作负责人同意。
（5）没有防倒送电的措施</td><td rowspan="2">《国家电网公司电力安全工作规程（配电部分）（试行）》：
“6.2　杆塔上作业
6.2.1　登杆塔前，应做好以下工作：
（1）核对线路名称和杆号。
（2）检查杆根、基础和拉线是否牢固。
（3）检查杆塔上是否有影响攀登的附属物。
（4）遇有冲刷、起土、上拔或导地线、拉线松动的杆塔，应先培土加固、打好临时拉线或支好架杆。
（5）检查登高工具、设施（如脚扣、升降板、安全带、梯子和脚钉、爬梯、防坠装置等）是否完整牢靠。
（6）攀登有覆冰、积雪、积霜、雨水的杆塔时，应采取防滑措施。
（7）攀登过程中应检查横向裂纹和金具锈蚀情况。
6.2.2　杆塔作业应禁止以下行为：
（1）攀登杆基未完全牢固或未做好临时拉线的新立杆塔。
（2）携带器材登杆或在杆塔上移位。
（3）利用绳索、拉线上下杆塔或顺杆下滑。
6.2.3　杆塔上作业应注意以下安全事项：
（1）作业人员攀登杆塔、杆塔上移位及杆塔上作业时，手扶的构件应牢固，不得失去安全保护，并有防止安全带从杆顶脱出或被锋利物损坏的措施。
（2）在杆塔上作业时，宜使用有后备保护绳或速差自锁器的双控背带式安全带，安全带和保护绳应分挂在杆塔不同部位的牢固构件上。</td></tr>
<tr><td>2</td><td>高处坠落</td><td>二级</td><td>（1）作业人员攀登杆塔、杆塔上移位及杆塔上作业时，手扶的构件须牢固，不得失去安全保护，并有防止安全带从杆顶脱出或被锋利物损坏的措施。
（2）在杆塔上作业时，须使用有后备保护绳或速差自锁器的双控背带式安全带，安全带和保护绳分挂在杆塔不同部位的牢固构件上。
（3）上横担前，检查横担腐蚀情况、联结是否牢固，检查时安全带（绳）系在主杆或牢固的构件上。
（4）在人员密集或有人员通过的地段进行杆塔上作业时，作业点下方须按坠落半径设围栏或其他保护措施。
（5）杆塔上下无法避免垂直交叉作业时，做好防落物伤人的措施，作业时要相互照应，密切配合。
（6）杆塔上作业时不得从事与工作无关的活动</td><td>（1）手扶的构件不牢固，失去安全保护。
（2）没有防止安全带从杆顶脱出或被锋利物损坏的措施。
（3）没有使用有后备保护绳或速差自锁器的双控背带式安全带。
（4）安全带和保护绳挂在同一部位的构件上。
（5）没有检查横担腐蚀情况、联结是否牢固。
（6）作业点下方没有设围栏或其他保护措施。
（7）没有做好防落物伤人的措施。
（8）作业人员从事与工作无关的活动</td></tr>
</table>

续表 1－16

序号	安全风险	风险等级	预控措施	易出现的问题	规程规范要求
3	高空坠物	二级	（1）高空作业工具须放置牢固，禁止上下抛掷，防止落物伤人。 （2）杆上作业，工器具、横担须放置牢固，严禁上下抛掷，严禁有人在作业点下方行走或站立	（1）工具放置不牢固。 （2）作业点下方有人行走或站立，发生落物伤人	（3）上横担前，应检查横担腐蚀情况、联结是否牢固，检查时安全带（绳）应系在主杆或牢固的构件上。 （4）在人员密集或有人员通过的地段进行杆塔上作业时，作业点下方应按坠落半径设围栏或其他保护措施。 （5）杆塔上下无法避免垂直交叉作业时，应做好防落物伤人的措施，作业时要相互照应，密切配合。 （6）杆塔上作业时不得从事与工作无关的活动。 6.2.4 在杆塔上使用梯子或临时工作平台，应将两端与固定物可靠连接，一般应由一人在其上作业。 6.2.5 雷电时，禁止线路杆塔上作业。”
4	机械伤害	二级	（1）起吊物件须绑扎牢固，若物件有棱角或特别光滑的部位时，在棱角和滑面与绳索（吊带）接触处应加以包垫。 （2）汽车式起重机行驶时，上车操作室不得坐人。 （3）在起吊、牵引过程中，受力钢丝绳的周围、上下方、转向滑车内角侧、吊臂和起吊物的下面，禁止有人逗留和通过	（1）物件绑扎不牢固。 （2）物件棱角或特别光滑的部位没有加以包垫。 （3）起重机行驶时，上车操作室有人。 （4）受力钢丝绳的周围、上下方、转向滑车内角侧、吊臂和起吊物下面有人逗留和通过	

（17）接地装置安装。本环节作业安全风险及预控措施见表 1－17。

表 1－17　　接地装置安装作业安全风险及预控措施

序号	安全风险	风险等级	预控措施	易出现的问题	规程规范要求
1	触电	二级	（1）当验明确已无电压后，立即将检修的高压配电线路和设备接地并三相短路，工作地段各端和工作地段内有可能反送电的各分支线都接地。 （2）配合停电的交叉跨越或邻近线路，在线路的交叉跨越或邻近处附近装设一组接地线。配合停电的同杆（塔）架设线路装设接地线要求与检修线路相同。 （3）装设、拆除接地线须有人监护。	（1）有可能反送电的各分支线没有接地。 （2）线路的交叉跨越或邻近处附近没有装设接地线。 （3）配合停电的同杆（塔）架设线路没有装设接地线。 （4）装设、拆除接地线没有人监护。 （5）绝缘导线的接地线没有装设在验电接地环上。	《国家电网公司电力安全工作规程（配电部分）（试行）》： “4.4 接地 4.4.1 当验明确已无电压后，应立即将检修的高压配电线路和设备接地并三相短路，工作地段各端和工作地段内有可能反送电的各分支线都应接地。 4.4.2 当验明检修的低压配电线路、设备确已无电压后，至少应采取以下措施之一防止反送电:

续表 1－17

序号	安全风险	风险等级	预控措施	易出现的问题	规程规范要求
1	触电	二级	（4）在配电线路和设备上，接地线的装设部位须是与检修线路和设备电气直接相连去除油漆或绝缘层的导电部分。绝缘导线的接地线装设在验电接地环上。 （5）作业人员须在接地线的保护范围内作业。禁止在无接地线或接地线装设不齐全的情况下进行高压检修作业。 （6）装设同杆（塔）架设的多层电力线路接地线，须先装设低压、后装设高压，先装设下层、后装设上层，先装设近侧、后装设远侧。拆除接地线的顺序与此相反。 （7）电缆及电容器接地前须逐相充分放电，星形接线电容器的中性点须接地，串联电容器及与整组电容器脱离的电容器逐个充分放电。电缆作业现场须确认检修电缆至少有一处已可靠接地。 （8）对于因交叉跨越、平行或邻近带电线路、设备导致检修线路或设备可能产生感应电压时，须加装接地线或使用个人保安线，加装（拆除）的接地线记录在工作票上，个人保安线由作业人员自行装拆。 （9）成套接地线须用有透明护套的多股软铜线和专用线夹组成，接地线截面积须满足装设地点短路电流的要求，且高压接地线的截面积不得小于 $25mm^2$，低压接地线和个人保安线的截面积不得小于 $16mm^2$。接地线使用专用的线夹固定在导体上，禁止用缠绕的方法接地或短路。禁止使用其他导线接地或短路。	（6）作业人员在无接地线或接地线装设不齐全的情况下进行高压检修作业。 （7）未按照要求的顺序装设接地线。 （8）电缆及电容器接地前，没有进行逐相充分放电。 （9）没有加装接地线或使用个人保安线。 （10）加装（拆除）的接地线没有在工作票上记录。 （11）接地线截面积不满足装设地点短路电流的要求。 （12）接地线用缠绕的方法接地或短路。 （13）使用其他导线接地或短路。 （14）装设接地线没有按照先接接地端、后接导体端的顺序。 （15）没有采取绝缘遮蔽或其他可靠隔离措施。 （16）接地线、接地开关与检修设备之间连有断路器。 （17）没有保证断路器（开关）不会分闸的措施。	（1）所有相线和零线接地并短路。 （2）绝缘遮蔽。 （3）在断开点加锁、悬挂‘禁止合闸，有人工作！’或‘禁止合闸，线路有人工作！’的标示牌。 4.4.3 配合停电的交叉跨越或邻近线路，在线路的交叉跨越或邻近处附近应装设一组接地线。配合停电的同杆（塔）架设线路装设接地线要求与检修线路相同。 4.4.4 装设、拆除接地线应有人监护。 4.4.5 在配电线路和设备上，接地线的装设部位应是与检修线路和设备电气直接相连去除油漆或绝缘层的导电部分。绝缘导线的接地线应装设在验电接地环上。 4.4.6 禁止作业人员擅自变更工作票中指定的接地线位置，若需变更应由工作负责人征得工作票签发人或工作许可人同意，并在工作票上注明变更情况。 4.4.7 作业人员应在接地线的保护范围内作业。禁止在无接地线或接地线装设不齐全的情况下进行高压检修作业。 4.4.8 装设、拆除接地线均应使用绝缘棒并戴绝缘手套，人体不得碰触接地线或未接地的导线。 4.4.9 装设的接地线应接触良好、连接可靠。装设接地线应先接接地端、后接导体端，拆除接地线的顺序与此相反。 4.4.10 装设同杆（塔）架设的多层电力线路接地线，应先装设低压、后装设高压，先装设下层、后装设上层，先装设近侧、后装设远侧。拆除接地线的顺序与此相反。

续表 1－17

序号	安全风险	风险等级	预控措施	易出现的问题	规程规范要求
1	触电	二级	（10）装设的接地线接触良好、连接可靠。装设接地线时先接接地端、后接导体端，拆除接地线的顺序与此相反。 （11）低压配电设备、低压电缆、集束导线停电检修，无法装设接地线时，采取绝缘遮蔽或其他可靠隔离措施。 （12）接地线、接地开关与检修设备之间不得连有断路器（开关）或熔断器。若由于设备原因，接地开关与检修设备之间连有断路器（开关），在接地开关和断路器（开关）合上后，须有保证断路器（开关）不会分闸的措施。 （13）杆塔无接地引下线时，可采用截面积大于 $190mm^2$（如 $\phi16$ 圆钢）、地下深度大于 0.6m 的临时接地体。土壤电阻率较高地区如岩石、瓦砾、沙土等，采取增加接地体根数、长度、截面积或埋地深度等措施改善接地电阻。 （14）装设、拆除接地线均须使用绝缘棒并戴绝缘手套，人体不得碰触接地线或未接地的导线	（18）土壤电阻率较高地区如岩石、瓦砾、沙土等，没有采取增加接地体根数、长度、截面积或埋地深度等措施改善接地电阻。 （19）未使用绝缘棒或没有戴绝缘手套	4.4.11　电缆及电容器接地前应逐相充分放电，星形接线电容器的中性点应接地，串联电容器及与整组电容器脱离的电容器应逐个充分放电。电缆作业现场应确认检修电缆至少有一处已可靠接地。 4.4.12　对于因交叉跨越、平行或邻近带电线路、设备导致检修线路或设备可能产生感应电压时，应加装接地线或使用个人保安线，加装（拆除）的接地线应记录在工作票上，个人保安线由作业人员自行装拆。 4.4.13　成套接地线应用有透明护套的多股软铜线和专用线夹组成，接地线截面积应满足装设地点短路电流的要求，且高压接地线的截面积不得小于 $25mm^2$，低压接地线和个人保安线的截面积不得小于 $16mm^2$。接地线应使用专用的线夹固定在导体上，禁止用缠绕的方法接地或短路。禁止使用其他导线接地或短路。 4.4.14　杆塔无接地引下线时，可采用截面积大于 $190mm^2$（如 $\phi16$ 圆钢）、地下深度大于 0.6m 的临时接地体。土壤电阻率较高地区如岩石、瓦砾、沙土等，应采取增加接地体根数、长度、截面积或埋地深度等措施改善接地电阻。 4.4.15　接地线、接地开关与检修设备之间不得连有断路器（开关）或熔断器。若由于设备原因，接地开关与检修设备之间连有断路器（开关），在接地开关和断路器（开关）合上后，应有保证断路器（开关）不会分闸的措施。
2	管理不到位	二级	禁止作业人员擅自变更工作票中指定的接地线位置，若需变更，须由工作负责人征得工作票签发人或工作许可人同意，并在工作票上注明变更情况	（1）作业人员擅自变更工作票中指定的接地线位置。 （2）工作票上没有注明变更情况	

续表 1－17

序号	安全风险	风险等级	预控措施	易出现的问题	规程规范要求
3	反送电	二级	（1）当验明检修的低压配电线路、设备确已无电压后，所有相线和零线接地并短路。 （2）当验明检修的低压配电线路、设备确已无电压后，进行绝缘遮蔽。 （3）当验明检修的低压配电线路、设备确已无电压后，在断开点加锁、悬挂“禁止合闸，有人工作！”或“禁止合闸，线路有人工作！”的标示牌	（1）相线和零线没有接地及短路。 （2）没有进行绝缘遮蔽。 （3）没有悬挂“禁止合闸，有人工作！”或“禁止合闸，线路有人工作！”的标示牌	4.4.16　低压配电设备、低压电缆、集束导线停电检修，无法装设接地线时，应采取绝缘遮蔽或其他可靠隔离措施。”

（18）标示牌（杆号牌、相序牌、安全警示牌、设备标示牌等）安装。本环节作业安全风险及预控措施见表 1－18。

表 1－18　　标示牌安装作业安全风险及预控措施

序号	安全风险	风险等级	预控措施	易出现的问题	规程规范要求
1	高处坠落	二级	（1）梯子牢固完整，有防滑措施。梯子的支柱能承受作业人员及所携带的工具、材料的总重量。 （2）硬质梯子的横档嵌在支柱上，梯阶的距离不大于 400mm，并在距梯顶 1m 处设限高标志。 （3）使用单梯工作时，梯子与地面的斜角度为 60° 左右。 （4）梯子不得绑接使用；人字梯须有限制开度的措施。 （5）人在梯子上时，禁止移动梯子。 （6）上下梯子要有专人扶持或绑牢	（1）使用不合格的登高梯子或携带重物登梯，导致梯子断裂，造成人员摔伤。 （2）高处作业时不正确使用梯子或无人扶梯，导致梯子歪倒、翻倒或滑倒，造成人员摔伤	《国家电网公司电力安全工作规程（配电部分）（试行）》： “3.3.7.4　涂写杆塔号、安装标示牌等工作地点在杆塔最下层导线以下，并能够保持表 3－1 安全距离的工作。 17.4.1　梯子应坚固完整，有防滑措施。梯子的支柱应能承受攀登时作业人员及所携带的工具、材料的总重量。 17.4.2　单梯的横档应嵌在支柱上，并在距梯顶 1m 处设限高标志。使用单梯工作时，梯与地面的斜角度约为 60°。 17.4.3　梯子不宜绑接使用。人字梯应有限制开度的措施。 17.4.4　人在梯子上时，禁止移动梯子。

续表 1－18

序号	安全风险	风险等级	预控措施	易出现的问题	规程规范要求
2	物体打击	二级	（1）在梯子上工作上下传递标示牌、工具包时使用绳索传递，严禁上下抛掷。 （2）标示牌安装后，检查确已安装牢固	（1）在梯子上工作上下传递物品未使用绳索，造成坠物伤人。 （2）安装标示牌不牢固，发生标示牌坠落损坏及人员摔伤	3.7.1　工作完工后，应清扫整理现场，工作负责人（包括小组负责人）应检查工作地段的状况，确认工作的配电设备和配电线路的杆塔、导线、绝缘子及其他辅助设备上没有遗留个人保安线和其他工具、材料，查明全部工作人员确由线路、设备上撤离后，再命令拆除由工作班自行装设的接地线等安全措施。接地线拆除后，任何人不得再登杆工作或在设备上工作。”
3	触电	二级	（1）安装时应与带电设备保持足够的安全距离，并设专人监护。 （2）压紧包带锁扣，并做扣好检查	（1）标示牌及附材误碰带电设备。 （2）用于绑扎标示牌钢包带尾部留余过长，造成安全隐患。 （3）锁扣不紧，标示牌下滑；标示牌安装不牢或者位置错误，脱落到带电设备上，造成事故。 （4）安装位置不醒目，不能有效警示	
4	监督 不到位	一级	工作完工后，应清扫整理现场，工作负责人（包括小组负责人）应检查工作地段的状况，确认工作的配电设备和配电线路的杆塔、导线、绝缘子及其他辅助设备上没有遗留个人保安线和其他工具、材料	安装标示牌时遗落材料及工具在设备上	

（19）收工会。本环节作业安全风险及预控措施见表 1－19。

表 1－19　　收工会作业安全风险及预控措施

序号	安全风险	风险等级	预控措施	易出现的问题	规程规范要求
1	管理 不到位	一级	工作负责人在收工会上清点、核对作业人员数量，参加会议人员须与工作票、作业指导书（卡）人员数量相等、人员一致	收工会作业人员不齐全，遗漏作业人员在作业现场，发生人身伤害事故	《生产作业安全管控标准化工作规范（试行）》（国家电网安质〔2016〕356 号）： “4.9　班后会 4.9.1　班后会一般在工作结束后由班组长组织全体班组人员召开。
2	交通事故	一级	（1）人员尽量站在道路边上，不影响车辆交通。 （2）设置安全警示标志。	在道路或路边上开会，各种车辆较多，发生被撞交通事故	

续表 1－19

序号	安全风险	风险等级	预控措施	易出现的问题	规程规范要求
2	交通事故	一级	（3）设专人在会场两端拿鲜艳旗帜提醒过往车辆。 （4）禁止在铁路附近开会		4.9.2 班后会应对作业现场安全管控措施落实及‘两票三制’执行情况总结评价，分析不足，表扬遵章守纪行为，批评忽视安全、违章作业等不良现象。”
		二级	（1）会议现场要有足够的照明设施。 （2）设置灯光或反光安全警示标志。 （3）设专人在会场两端手持灯光指示器提醒过往车辆	夜间在道路或路边上开会，照明不足，视线不好，发生被撞交通事故	
3	高处坠落	二级	（1）会议期间严肃纪律，不得拥挤。 （2）会议地点尽量选择平坦地点或远离坑、井、洞等临空面的地方。 （3）在坑、井、洞等临空面处，须设置防护装置和安全警示标志。 （4）会议前详细介绍现场环境情况，交代坑、井、洞等临空面的具体位置和注意事项，对于站在距离坑、井、洞等临空面较近的人员，采取防坠落措施	在山坡上或坑、井、洞等临空面处开会，人员拥挤或站立不牢、后退距离过大，发生滚落、坠落事故，造成摔伤	
4	溺水	二级	（1）会议地点尽量选择在远离水域（江、河、湖、海等）岸边的地方。 （2）在水域（江、河、湖、海等）岸边开会，应设置防护装置和安全警示标志。 （3）会议前详细介绍现场环境情况，应交代水域（江、河、湖、海等）的具体位置和安全注意事项，对于站在距离水域（江、河、湖、海等）较近的人员，采取防落水措施。 （4）配备必要的落水施救器材	（1）在水域（江、河、湖、海等）岸边开会，人员拥挤或站立不牢，发生落水，造成人员溺水。 （2）未配备救生器材造成施救不及时	

1.2 新建电缆线路工程

（1）现场勘察。本环节作业安全风险及预控措施见表 1－20。

表 1－20　　现场勘察作业安全风险及预控措施

序号	安全风险	风险等级	预控措施	易出现的问题	规程规范要求
1	动物伤人	一级	（1）进村庄对可能有狗的地方应先喊叫，可备用棍棒，防备狗突然窜出。 （2）在杂草丛生有蛇活动的地区作业时须带一树枝条，边走边打草，打草惊蛇，避免被蛇咬伤。 （3）发现马蜂窝不要靠近，更不能触碰。 （4）采取有效措施，避免野生动物伤人	（1）现场勘察记录内容危险点未根据施工任务、作业环境等进行全面查。 （2）人身受到动物伤害，并易发生各类传染病	（1）《国家电网公司电力安全工作规程（配电部分）（试行）》现场勘察有关要求。 （2）《现场作业防疫措施二十条》（鲁电安监〔2020〕70 号）现场作业防疫有关要求。 （3）《倒闸操作票、工作票管理规范》（鲁电安质〔2017〕604 号）有关要求。 （4）《生产作业安全管控标准化工作规范（试行）》（国家电网安质〔2016〕356 号）： “3.1　现场勘察 3.1.1　需要现场勘察的作业项目 a）变电站（换流站）主要设备现场解体、返厂检修和改（扩）建项目施工作业 b）变电站（换流站）开关柜内一次设备检修和一、二次设备改（扩）建项目施工作业。 c）变电站（换流站）保护及自动装置更换或改造作业。 d）输电线路（电缆）停电检修（常规清扫等不涉及设备变更的工作除外）、改造项目施工作业。 e）配电线路杆塔组立、导线架设、电缆敷设等检修、改造项目施工作业。 f）新装（更换）配电箱式变电站、开闭所、环网单元、电缆分支箱、变压器、柱上开关等设备作业。 g）带电作业。
2	疫情	一级	现场勘察严格执行《现场作业防疫措施二十条》（鲁电安监〔2020〕70 号）	（1）现场勘察人员未执行《现场作业防疫措施二十条》（鲁电安监〔2020〕70 号），未戴口罩、未测量体温等。 （2）突发新型冠状病毒或其他疫情感染	
3	溺水	一级	（1）工作中尽量避开不明深浅的水域。 （2）勘察路径尽量选择远离水域（江、河、湖、海等）岸边的地方。 （3）涉水人员须具有一定游泳技能。 （4）作业人员不得拥挤、嬉闹。 （5）配备必要的救生器材或渡水器具。 （6）现场勘察作业中尽量远离废弃机井，如需临近勘察作业时，须加强监护，并采取防坠落、防溺水措施	（1）勘察作业人员靠近水域，不慎落水。 （2）勘察作业时，未发现废弃机井，或未加强监护、未采取措施，造成人员溺水。 （3）涉水勘察时，未配备救生器材造成施救不及时	

续表 1－20

序号	安全风险	风险等级	预控措施	易出现的问题	规程规范要求
4	交通事故	二级	（1）勘察人员尽量沿道路路边行走，不影响车辆交通。 （2）注意观察来往车辆，及时避让。 （3）人员尽量远离快速公路。 （4）提前问明机车过往时段，利用机车通过间隙勘察现场，并设专人监视，发现异常及时撤离	人员不慎进入通行道路，避让不及时发生被撞事故	h）涉及多专业、多单位、多班组的大型复杂作业和非本班组管辖范围内设备检修（施工）的作业。 i）使用吊车、挖掘机等大型机械的作业。 j）跨越铁路、高速公路、通航河流等施工作业。 k）试验和推广新技术、新工艺、新设备、新材料的作业项目。 l）工作票签发人或工作负责人认为有必要现场勘察的其他作业项目。 3.1.2 现场勘察组织 a）现场勘察应在编制‘三措’及填写工作票前完成。 b）现场勘察由工作票签发人或工作负责人组织。 c）现场勘察一般由工作负责人、设备运维管理单位和作业单位相关人员参加。 d）对涉及多专业、多单位的大型复杂作业项目，应由项目主管部门、单位组织相关人员共同参与。 e）承发包工程作业应由项目主管部门、单位组织，设备运维管理单位和作业单位共同参与。 f）开工前，工作负责人或工作票签发人应重新核对现场勘察情况，发现与原勘察情况有变化时，应及时修正、完善相应的安全措施。 3.1.3 现场勘察主要内容 a）需要停电的范围：作业中直接接触及的电气设备，作业中机具、人员及材料可能触及或接近导致安全距离不能满足《电力安全工作规程》规定距离的电气设备。
5	高处坠落	一级	（1）勘察路径尽量选择平坦地面或远离坑、井等临空面的地方进行。 （2）必须在坑、井（特别注意枯井、废弃机井）等临空面处勘察时，须加强监护，并采取防坠落措施。 （3）勘察人员不得拥挤、嬉闹。 （4）在山坡上勘察时应避免踩踏不稳固的石头；在山脚下行走时应随时观察山坡是否有落石的危险	（1）不慎坠入井、坑或从山坡跌落，造成摔伤。 （2）避让不及时被落物击伤	
6	物体打击	二级	（1）勘察时须配备必要的防护用具、自救器具和药品。 （2）作业人员进入电缆隧道须配备足够的照明灯具。 （3）作业人员进入电缆隧道须戴安全帽	（1）进入电缆隧道配备照明灯具不合格或未配备照明灯具。 （2）作业人员进入电缆隧道未戴安全帽，造成人员受伤	

续表 1-20

序号	安全风险	风险等级	预控措施	易出现的问题	规程规范要求
7	中毒、窒息、爆炸	二级	（1）进入电缆井、电缆隧道前，先用吹风机排除浊气。 （2）用气体检察仪检查电缆隧道内的易燃易爆及有毒气体的含量是否超标	（1）勘察人员进入电缆井、电缆隧道前未先通风、排除浊气。 （2）进入电缆井、电缆隧道前未用气体检察仪检查电缆隧道内的有毒、易燃易爆气体是否超标，造成人员窒息、中毒或发生爆炸事故	b）保留的带电部位：邻近、交叉、跨越等不需停电的线路及设备，双电源、自备电源、分布式电源等可能反送电的设备。 c）作业现场的条件：装设接地线的位置，人员进出通道，设备、机械搬运通道及摆放地点，地下管沟、隧道、工井等有限空间，地下管线设施走向等。 d）作业现场的环境：施工线路跨越铁路、电力线路、公路、河流等环境，作业对周边构筑物、易燃易爆设施、通信设施、交通设施产生的影响，作业可能对城区、人口密集区、交通道口、通行道路上人员产生的人身伤害风险等。 e）需要落实的‘反措’及设备遗留缺陷。 f）开工前，工作负责人或工作票签发人应重新核对现场勘察情况，发现与原勘察情况有变化时，应及时修正、完善相应的安全措施。 3.1.4　现场勘察记录 a）现场勘察应填写现场勘察记录。 b）现场勘察记录宜采用文字、图示或影像相结合的方式。记录内容包括：工作地点需停电的范围，保留的带电部位，作业现场的条件、环境及其他危险点，应采取的安全措施，附图与说明。 c）现场勘察记录应作为工作票签发人、工作负责人及相关各方编制‘三措’和填写、签发工作票的依据。 d）现场勘察记录由工作负责人收执。勘察记录应同工作票一起保存一年。”

（2）施工前准备。本环节作业安全风险及预控措施见表 1-21。

表 1-21　　施工前准备作业安全风险及预控措施

序号	安全风险	风险等级	预控措施	易出现的问题	规程规范要求
1	管理不到位	一级	（1）根据现场工作实际情况，综合考虑施工现场各类因素，详实编制施工方案及“三措”，及时提报给相关单位及分管领导审批，并报备。 （2）按照施工计划，工作负责人（工作票签发人）提前办理工作票和施工作业票，按照工作流程进行报审。 （3）根据里程碑计划，梳理每日工作任务，进行分解，各类管理人员加强督导管控，督查参建人员。 （4）业主单位组织监理、设计施工人员开展技术交底，明确各类事项。 （5）按照工作计划，提前准备试验合格、充足、与施工现场相匹配的工器具和材料。	（1）“三措”审批流程不正确，未经设备运维管理单位、相关专业管理部门、分管领导逐级审批。 （2）现场标准化作业指导书无审核、审定人员签字。 （3）施工作业票中需设专责监护人的工作，未在指定位置填写。 （4）现场施工作业未使用工作票和施工作业票（无票作业）。 （5）填写的工作票（施工作业票）内容错误。 （6）工作票上的内容与实际工作不符。 （7）“日管控”工作任务、人员数量及主要危险点与现场实际不相符。 （8）现场施工作业未列入“日管控”。 （9）工作票（施工作业票）制订的安全措施针对性差、无操作性。 （10）施工方案、“三措”中的内容及安全措施套用模板、针对性不强，未列明作业过程中全部风险点及防控措施。 （11）安全技术交底中“项目名称”填写错误（与实际工作地点名称不符）。 （12）《变电站二次系统电缆敷设及二次接线》施工方案没有风险判别，且危险点分析及控制的措施不满足现场需要（施工作业票中作业内容含接地敷设，方案中没有措施）。 （13）机具和安全工器具没有统一编号；使用前没有检查。使用损坏、变形、有故障等不合格的机具和安全工器具。 （14）接地线操作棒手持部分护套缺失，且导线绝缘护套破损。	（1）《生产作业安全管控标准化工作规范（试行）》（国家电网安质〔2016〕356 号）： “3.2　风险评估 3.2.1　现场勘察结束后，编制‘三措’、填写‘两票’前，应针对作业开展风险评估工作。 3.2.2　风险评估一般由工作票签发人或工作负责人组织。 3.2.3　设备改进、革新、试验、科研项目作业，应由作业单位组织开展风险评估。 3.2.4　涉及多专业、多单位共同参与的大型复杂作业，应由作业项目主管部门、单位组织开展风险评估。 3.2.5　风险评估应针对触电伤害、高空坠落、物体打击、机械伤害、特殊环境作业、误操作等方面存在的危险因素，全面开展评估。 3.2.6　风险评估出的危险点及预控措施应在‘两票’‘三措’等中予以明确。 3.3　承载力分析 3.3.1　地市公司级单位、县公司级单位应利用月度计划平衡会、周安全生产例会统筹开展所属单位、二级机构承载力分析工作。二级机构应利用周安全生产例会、班组应利用周安全日活动，开展作业承载力分析工作，保证作业安排在承载力范围内。 3.3.2　各单位、二级机构承载力分析内容 a）可同时派出的班组数量。 b）派出班组的作业能力是否满足作业要求。 c）多专业、多班组、多现场间工作协调是否满足作业需求。 3.3.3　作业班组承载力分析内容

续表 1－21

序号	安全风险	风险等级	预控措施	易出现的问题	规程规范要求
1	管理不到位	一级	（6）检查外来施工队伍（分包人员）建档立卡情况，重点审查资质、合同、安全协议签订及安全教育培训考试等内容	（15）脚扣防滑胶垫磨损严重，起不到防滑作用。 （16）作业现场安全带破损且试验超期。 （17）劳务分包队伍私自携带安全工器具到现场，且与材料、工器具混放。 （18）绝缘梯底部防滑垫缺失没有1m限高标志。 （19）接地线磨损严重且试验合格标签无法辨认。 （20）绝缘手套、绝缘靴、验电笔、绝缘操作杆、接地线、安全带、脚扣现场检查不合格。 （21）绝缘手套、绝缘靴、验电笔、绝缘操作杆、接地线、安全带、脚扣等安全工器具无试验合格证或试验合格证破损严重无法辨认。 （22）钢丝绳、牵引绳、工作绳磨损严重。 （23）作业现场无应急医药箱，应急医药箱内无药品或药品超期。 （24）部分施工队伍人员未建档立卡。 （25）资质过期或与承担工程不匹配；人员承载力不足。 （26）合同签订时间滞后，内容不规范。 （27）安全教育培训流于形式，未开展安全教育培训，未经考试上岗工作或考试不合格许可进入施工现场。 （28）劳务分包商不在公布名单中。 （29）签订的合同、安全协议超范围或未明确专业（劳务）分包范围。 （30）签订的合同、安全协议超期限；未签订合同、安全协议。	a）可同时派出的工作组和工作负责人数量。每个作业班组同时开工的作业现场数量，不得超过工作负责人数量。 b）作业任务难易水平、工作量大小。 c）安全防护用品、安全工器具、施工机具、车辆等是否满足作业需求。 d）作业环境因素（地形地貌、天气等）对工作进度、人员配备及工作状态造成的影响等。 3.3.4　作业人员承载力分析内容 a）作业人员身体状况、精神状态以及有无妨碍工作的特殊病症。 b）作业人员技能水平、安全能力。技能水平可根据其岗位角色、是否担任工作负责人、本专业工作年限等综合评定。安全能力应结合《电力安全工作规程》考试成绩、人员违章情况等综合评定。 3.3.5　各级单位应积极推进承载力量化分析工作，提升作业计划和工作安排的科学化、规范化管理水平。 3.4　'三措'编制 3.4.1　需编制'三措'的项目 3.4.2　作业单位应根据现场勘察结果和风险评估内容编制'三措'。对涉及多专业、多单位的大型复杂作业项目，应由项目主管部门、单位组织相关人员编制'三措'。 3.4.3　'三措'内容包括任务类别、概况、时间、进度、需停电的范围、保留的带电部位及组织措施、技术措施和安全措施。 3.4.4　'三措'应分级管理，经作业单位、监理单位（如有）、设备运维管理单位、相关专业管理部门、分管领导逐级审批，严禁执行未经审批的'三措'。

续表 1－21

序号	安全风险	风险等级	预控措施	易出现的问题	规程规范要求
1	管理 不到位	一级		（31）作业层班组骨干人员的培训考试存在做假的嫌疑、试卷批改流于形式。 （32）外来施工人员无胸卡证，或私自制作胸卡证	3.5 ‘两票’填写 3.5.1 在电气设备上及相关场所的工作，应填用工作票、倒闸操作票。各级单位应规范‘两票’填写与执行标准，明确使用范围、内容、流程、术语。 3.5.2 作业单位应根据现场勘察、风险评估结果，由工作负责人或工作票签发人填写工作票。 3.5.3 工作票‘双签发’相关要求 a）承发包工程中，作业单位在运用中的电气设备上或已运行的变电站内工作，工作票宜由作业单位和设备运维管理单位共同签发，在工作票上分别签名，各自承担相应的安全责任。 b）发包方工作票签发人主要对工作票上所填工作任务的必要性、安全性和安全措施是否正确完备负责；承包方工作票签发人主要对所派工作负责人和工作班人员是否适当和充足以及安全措施是否正确完备负责。 3.5.4 承发包工程宜由作业单位人员担任工作负责人，若设备运维管理单位认为有必要，可派人担任工作负责人或增派专人监护。 3.5.5 生产厂家、外协服务等人员参加现场作业，应由设备运维管理单位人员担任工作负责人，执行相应工作票。 3.5.6 作业班组每月应对所执行的‘两票’进行整理汇总，按编号统计、分析。二级机构每季度至少对已执行的‘两票’进行检查并填写检查意见。地市公司级单位、县公司级单位每半年至少抽查调阅一次‘两票’。省公司级单位每年至少抽查调阅一次‘两票’。

序号	安全风险	风险等级	预控措施	易出现的问题	规程规范要求
1	管理不到位	一级			3.5.7 各级单位应分析‘两票’存在问题，及时反馈，制订整改措施，建立定期通报制度。” （2）《国家电网公司城乡配网建设与改造工程业主监理施工项目部安全管理工作规范（试行）》（安质二〔2017〕56 号）： “第十条 （四）施工项目部是施工现场安全的责任主体。在施工合同中所列工程的施工项目，所有工作票、安全施工作业票均应以施工项目部名义办理，涉及运行设备的工作票和安全施工作业票应实行设备运维单位和施工单位‘双签发’。劳务分包人员不得担任工作票签发人、工作负责人。” （3）《国网山东省电力公司发承包工程管理30 条禁令》（鲁电安质〔2017〕367 号）： “二、工程管理‘七严禁’ （1）严禁不培训考试、不开展进场登记交底核查即施工。 （2）严禁随意压缩工期、变更施工计划。 （3）严禁安排劳务分包人员担任工作负责人、专责监护人、自带安全工器具和不纳入班组管理。 （4）严禁监理人员在施工作业期间脱岗或不履行监理职责。 （5）严禁未经关键工序、工艺验收合格即转序作业。 （6）严禁使用未经签字验收合格的材料、配件。 （7）严禁以包代管、以罚代管、不开展安全资信报备。”

（3）开工会。本环节作业安全风险及预控措施见表1－22。

表1－22　　开工会作业安全风险及预控措施

序号	安全风险	风险等级	预控措施	易出现的问题	规程规范要求
1	管理不到位	一级	（1）工作负责人在开工会上对作业人员进行检查，作业人员必须按规定着装，精神状态良好，劳务分包人员胸卡证齐全有效，否则不允许进入作业现场。 （2）作业人员有精神状态不佳、身体不适者，须主动向工作负责人汇报实情。 （3）工作负责人认真清点、核对作业人员数量，参加会议人员应与工作票、作业指导书（卡）人员数量相等，人员一致。 （4）工作负责人根据工作票、作业指导书（卡）、“三措一案”所列内容全面、详细交代现场安全措施和安全注意事项。 （5）工作班成员应认真参加开工会，集中精力听讲，有疑问者应及时提问。 （6）工作负责人进行安全交底后，全体作业人员在工作票（指导书、卡）上履行签名确认手续。 （7）未得到工作负责人许可开工前，任何人员不得开始现场作业。 （8）未参加开工会的人员严禁进入施工现场，新增工作人员须经工作负责人安全交底，并签名确认后方可进行现场作业。 （9）工作前，工作负责人认真对外单位承担或外来工作人员（包括民工）告知现场安全措施、线路（设备）带电部位、危险点和安全注意事项。 （10）外单位承担或外来工作人员（包括民工）确认被告知内容后，履行安全交底签名确认手续后方可参加工作	（1）不召开开工会，工作人员不清楚工作任务、工作范围等情况。 （2）工作许可前召开开工会，工作流程不对应。 （3）无施工现场看板，施工人员不清楚现场工作情况。 （4）现场看板内容缺少或不符合要求。 （5）施工看板未公示分包商（施工单位）资质情况。 （6）施工看板上特种人员资质证件照片不全、图片模糊不清。 （7）现场工作票中，工作人员未签字确认。 （8）工作票中，工作班组人员签名存在造假（代签）现象。 （9）多日连续作业的工作票，没有履行每日安全交底签字手续。 （10）未进行交底和履行签名。 （11）参建人员全面应用“配网建设全过程管控平台”，并在开工前执行签到打卡	（1）《生产作业安全管控标准化工作规范（试行）》（国家电网安质〔2016〕356号）： “3.6　班前会 3.6.1　班前会由班组长组织全体班组人员召开。 3.6.2　班前会应结合当班运行方式、工作任务，开展安全风险评估，布置风险预控措施，组织交代工作任务、作业风险和安全措施，检查个人安全工器具、个人劳动防护用品和人员精神状况。” （2）《国家电网公司电力安全工作规程（电网建设部分）（试行）》： “3.5.4.23　在光线不足的作业场所及夜间作业的场所均应有足够的照明。” （3）《国家电网公司电力安全工作规程（配电部分）（试行）》： “4.5.12　城区、人口密集区或交通道口和通行道路上施工时，工作场所周围应装设遮栏（围栏），并在相应部位装设警告标示牌。必要时，派人看管。”

序号	安全风险	风险等级	预控措施	易出现的问题	规程规范要求
2	交通事故	一级	（1）人员站在道路边上，不得影响车辆通行。 （2）设置安全警示标志。 （3）设专人在会场两端拿颜色鲜艳的旗帜提醒过往车辆。 （4）禁止在铁路附近开会	（1）开工会在道路或路边上召开。 （2）开工会现场未设置围栏及安全警示标志，各种车辆较多，发生被撞交通事故	
		二级	（1）夜间施工，会议现场要有足够的照明设施。 （2）夜间施工，应设置灯光或反光安全警示标志。 （3）夜间施工，应设专人在会场两端手持灯光指示器提醒过往车辆	夜间施工，开工会现场灯光照明不足，反光安全警示不足，道路上行人或车辆误入开工会现场，发生交通事故	
3	高处坠落	一级	（1）会议地点尽量选择平坦地点或远离坑、井等临空面的地方。 （2）会议期间严肃纪律，不得拥挤。 （3）在坑、井等临空面处，设置防护装置和安全警示标志。 （4）会议前详细介绍现场环境情况，对坑、井等临空面交代其具体位置和安全注意事项，对于站在距离坑、井等临空面较近的人员，采取防坠落措施	（1）开工会未交代工作任务、人员分工、危险点、安全措施和安全注意事项。 （2）开工会未对人员进行提问。 （3）开工会交代安全注意事项，人员未签字确认。 （4）开工会交代安全注意事项，人员签字确认有代签名情况	
4	溺水	二级	（1）会议地点尽量选择远离水域（江、河、湖、海等）岸边的地方。 （2）会议期间严肃纪律，不得拥挤。 （3）在水域（江、河、湖、海等）岸边开会，应设置防护装置和安全警示标志。 （4）会议前详细介绍现场环境情况，交代水域（江、河、湖、海等）具体位置和安全注意事项，对于站在距离水域（江、河、湖、海等）较近的人员，采取防落水措施。 （5）配备必要的落水施救器材	（1）发生落水事故，造成人员溺水。 （2）人员溺水时施救不及时	

（4）现场安全措施布置。本环节作业安全风险及预控措施见表 1－23。

表 1－23　　现场安全措施布置作业安全风险及预控措施

序号	安全风险	风险等级	预控措施	易出现的问题	规程规范要求
1	执行力不强	一级	（1）严格按照规程执行安全措施，合理设置安全围栏，与作业无关人员禁止入内。 （2）认真落实安全规程（工作票）所列安全措施，并逐项执行到位。 （3）严格执行安全措施，停送电流程正确，验电、装设接地线可靠有效。 （4）严格按照规程执行安全措施	（1）作业现场安全围栏设置不规范，未全部封闭。 （2）部分现场围栏形同虚设，不能有效限制周围闲杂人员。 （3）在高压室内作业，运行设备没有全部装设围栏。 （4）监护现场措施（安全围栏、安全警示牌）未全面落实到位。 （5）杆塔上作业安全围栏不满足防坠落半径要求。 （6）未按照第二种工作票要求在工作地点设置“在此工作！”标示牌、“运行”红布幔。 （7）工作地点未设置“在此工作！”标示牌置。 （8）现场接地线装设不到位，接地线虚挂至绝缘部位，不能有效接地。 （9）接地线绝缘手柄缺失。 （10）工作现场挂接的接地线与工作票中所列的接地线编号不一致。 （11）装设接地线前不验电。 （12）线路有人工作时，未将停电线路的所有 T 接地点跌落式熔断器拉开并取下。 （13）现场装设接地线地点与工作票不一致。 （14）装设接地线位置与工作票实际不符。 （15）监护人不清楚监护范围和监护人员。 （16）专责监护人未穿标志服。	（1）《安全围栏设置规范》（鲁电安监〔2019〕416 号）： “1.4　同一作业任务的多个作业区域，每个作业区域应独立设置有唯一出口的围栏。 1.5　邻近通行道路作业，应在通行道路双向分别设置‘前方施工’‘车辆慢行’施工道路警示牌，必要时派人看管。 1.6　不满足围栏设置条件时，应在开工前一周向本单位安监部门报备并经书面批准许可，方可开展工作。 3　术语和定义 3.1　固定防护围栏 高度不低于 1700mm，材质为热镀锌钢网。 3.2　区域隔离围栏 高度为 1200mm，立柱高度为 1450mm，颜色为国网绿色（色号 3292C），材质为环氧树脂或 PE 等复合材料。 3.3　箱变隔离围栏 高度为 1500mm，颜色为黄色（色号 1375C），采用镀锌方钢管喷塑工艺制作。 3.4　伸缩型移动式围栏 高度为 1200mm，颜色为黄黑相间，材质为环氧树脂，每组单元长度为 4m。 3.5　施工道路警示牌 高度为 1200mm，由警示牌、边框和立柱组成，颜色为黄黑相间，材质为环氧树脂或 PE 等复合材料。

续表 1－23

序号	安全风险	风险等级	预控措施	易出现的问题	规程规范要求
1	执行力不强	一级		（17）专责监护人未全程在监护现场。 （18）分组工作时，工作小组安全措施实施未落实即开展小组施工作业	7.1　高压试验时，采用伸缩型移动式围栏封闭加压设备和被试验设备，试验现场围栏与试验设备高压部分应有足够的安全距离。 7.3　室外大型机具、吊车等设备有安全风险的，应对设备作业面有安全风险的部位设置伸缩型移动式围栏。” （2）《生产作业安全管控标准化工作规范（试行）》（国家电网安质〔2016〕356 号）： “4.2　安全措施布置 4.2.1　变电专业安全措施应由工作许可人负责布置，采取电话许可方式的变电站第二种工作票安全措施可由工作人员自行布置，工作结束后应汇报工作许可人。输、配电专业工作许可人所做安全措施由其负责布置，工作班所做安全措施由工作负责人负责布置。安全措施布置完成前，禁止作业。 4.2.2　工作许可人应审查工作票所列安全措施正确完备性，检查工作现场布置的安全措施是否完善（必要时予以补充）和检修设备有无突然来电的危险。对工作票所列内容即使发生很小疑问，也应向工作票签发人询问清楚，必要时应要求作详细补充。 4.2.3　10kV 及以上双电源用户或备有大型发电机用户配合布置和解除安全措施时，作业人员应现场检查确认。 4.2.4　现场为防止感应电或完善安全措施需加装接地线时，应明确装、拆人员，每次装、拆后应立即向工作负责人或小组负责人汇报，并在工作票中注明接地线的编号，装、拆的时间和位置。”

（5）基础开挖。本环节作业安全风险及预控措施见表 1–24。

表 1–24　　基础开挖作业安全风险及预控措施

序号	安全风险	风险等级	预控措施	易出现的问题	规程规范要求
1	交通事故	一级	（1）掘路施工须做好防止交通事故的安全措施。施工区域须用标准路栏等进行分隔，并有明显标记。 （2）夜间施工人员须佩戴反光标志。 （3）夜间施工地点应加挂警示灯	掘路施工未做好安全措施或安全措施不完全，造成行人、车辆误入工作区域，造成人身伤害及设备损坏	《国家电网公司电力安全工作规程（配电部分）（试行）》： “12.2.1　电缆沟（槽）开挖的安全措施 12.2.1.1　电缆直埋敷设施工前，应先查清图纸，再开挖足够数量的样洞（沟），摸清地下管线分布情况，以确定电缆敷设位置，确保不损伤运行电缆和其他地下管线设施。 12.2.1.2　掘路施工应做好防止交通事故的安全措施。施工区域应用标准路栏等进行分隔，并有明显标记，夜间施工人员应佩戴反光标志，施工地点应加挂警示灯。 12.2.1.3　为防止损伤运行电缆或其他地下管线设施，在城市道路红线范围内不宜使用大型机械开挖沟（槽），硬路面面层破碎可使用小型机械设备，但应加强监护，不得深入土层。 12.2.1.4　沟（槽）开挖深度达到 1.5m 及以上时，应采取措施防止土层塌方。 12.2.1.5　沟（槽）开挖时，应将路面铺设材料和泥土分别堆置，堆置处和沟（槽）之间应保留通道供施工人员正常行走。在堆置物堆起的斜坡上不得放置工具、材料等器物。
2	触电	一级	（1）电缆直埋敷设施工前，首先对应图纸，明确现场需施工位置，告知每一名现场作业人员并做好标记。 （2）电缆直埋敷设施工前，开挖足够数量的样洞（沟），并根据样洞（沟）开挖情况，告知每一名现场作业人员地下电缆运行情况和其他地下管线设施位置并做好标记。 （3）为防止损伤运行电缆或其他地下管线设施，在城市道路红线范围内不宜使用大型机械开挖沟（槽），可使用小型机械设备，但须加强监护，不得深入土层。 （4）挖到电缆保护板后，须由有经验的人员在场指导	（1）电缆直埋敷设施工前，未查清图纸，且未开挖足够数量的样洞（沟），无法摸清地下管线分布情况，损伤运行电缆和其他地下管线设施。 （2）在城市道路红线范围内施工，造成运行电缆或其他地下管线设施损坏和人身触电伤害。 （3）在城市道路红线范围内施工，使用小型机械设备进行硬路面面层破碎，但未加强监护，且深入土层。 （4）挖到电缆保护板后，未安排有经验的人员在场指导或无人指挥	
3	基础坍塌	一级	沟（槽）开挖深度达到 1.5m 及以上时，须采取措施防止土层塌方	沟（槽）开挖深度达到 1.5m 及以上时，发生土层塌方	

续表 1－24

序号	安全风险	风险等级	预控措施	易出现的问题	规程规范要求
4	物体打击	一级	（1）沟（槽）开挖时，堆置处和沟（槽）之间须安排专人负责，保留通道供施工人员正常行走。 （2）沟（槽）开挖时，在堆置物堆起的斜坡上不得放置工具、材料等器物并安排专人监护	（1）沟（槽）开挖时，堆置处和沟（槽）之间未保留通道供施工人员正常行走。 （2）沟（槽）开挖时，在堆置物堆起的斜坡上放置工具、材料等器物	12.2.1.6 在下水道、煤气管线、潮湿地、垃圾堆或有腐质物等附近挖沟（槽）时，应设监护人。在挖深超过 2m 的沟（槽）内工作时，应采取安全措施，如戴防毒面具、向沟（槽）送风和持续检测等。监护人应密切注意挖沟（槽）人员，防止煤气、硫化氢等有毒气体中毒及沼气等可燃气体爆炸。 12.2.1.7 挖到电缆保护板后，应由有经验的人员在场指导，方可继续进行。”
5	中毒、窒息	二级	（1）在下水道、煤气管线、潮湿地、垃圾堆或有腐质物等附近挖沟（槽）时，不得单独作业，应设监护人。 （2）在挖深超过 2m 的沟（槽）内工作时，须采取安全措施，如戴防毒面具、向沟（槽）送风和持续检测等。 （3）监护人须密切注意挖沟（槽）人员，防止煤气、硫化氢等有毒气体中毒及沼气等可燃气体爆炸	（1）在下水道、煤气管线、潮湿地、垃圾堆或有腐质物等附近挖沟（槽）时，未设监护人。 （2）在挖深超过 2m 的沟（槽）内工作时，未按要求采取安全措施。 （3）监护人未密切注意挖沟（槽）人员作业过程中有毒（害）气体和易燃易爆气体浓度	

（6）电缆沟（隧道）制作（含回填）。本环节作业安全风险及预控措施见表 1－25。

表 1－25　　电缆沟（隧道）制作（含回填）作业安全风险及预控措施

序号	安全风险	风险等级	预控措施	易出现的问题	规程规范要求
1	物体打击	二级	（1）混凝土工程施工方案按规定进行审批、论证，进行安全技术交底。 （2）混凝土工程施工作业须严格作业票管理。 （3）材料场按种类、规格、批次分开储存与堆放，砂石堆场须有适当的坡度，安全防护设施齐全规范。	（1）混凝土工程施工方案未进行审批、论证，未进行安全技术交底。 （2）混凝土工程施工作业未严格作业票管理。 （3）材料场未按种类、规格、批次分开储存与堆放，砂石堆场无适当的坡度，安全防护设施不齐全、不规范。 （4）夜间施工现场无足够的照明。	《国家电网公司电力安全工作规程（电网建设部分）（试行）》： “6.3 脚手架施工 6.3.1 一般规定 6.3.1.2 脚手架安装与拆除人员应持证上岗，非专业人员不得搭、拆脚手架。作业人员应戴安全帽、系安全带、穿防滑鞋。

序号	安全风险	风险等级	预控措施	易出现的问题	规程规范要求
1	物体打击	二级	（4）夜间施工必须配备足够的照明，且设专人负责。 （5）施工中须安排专人经常检查脚手架或作业平台、基坑边坡、安全防护设施等，发现异常情况及时处理。 （6）模板的安装和拆除必须严格遵守相关标准规定。 （7）模板安装，拆除施工前必须编制专项施工方案并审核通过，具备可实行性。 （8）模板支架立杆底部须加设满足支撑承载力要求的垫板，不得使用砖及脆性材料铺垫。 （9）向坑槽内运送材料时，坑上坑下统一指挥，使用溜槽或绳索向下放料，不得抛掷。 （10）安装钢模板，遇 U 形卡孔错位时，须调节或更换模板，不得猛锤硬撬 U 形卡。 （11）模板调整找正要轻动轻移。 （12）合模时逐层找正，逐层支撑加固，斜撑、水平撑须与补强管（木）可靠固定。 （13）模板拆除必须在混凝土达到设计强度后进行，且安排专人进行检查。 （14）拆模前须清除模板上堆放的杂物并安排专人检查。 （15）在拆除区域划定并设警戒线，悬挂安全标志，设专人监护，非作业人员不得进入。 （16）钢筋加工时，操作人应正确使用齿口扳等加工工具，用力应均匀。	（5）施工中对脚手架或作业平台、基坑边坡、安全防护设施等无专人检查，无法发现异常或发现异常情况不能及时处理。 （6）模板的安装和拆除不符合相关标准规定。 （7）模板安装，拆除施工前未编制专项施工方案。 （8）模板支架立杆底部未加设满足支撑承载力要求的垫板。 （9）向坑槽内运送材料时，无人指挥。或使用溜槽或绳索时抛掷。 （10）装钢模板，遇 U 形卡孔错位时，猛锤硬撬 U 形卡。 （11）模板调整找正用力过猛，造成模板滑落。 （12）合模时不逐层找正未进行逐层固定。 （13）模板拆除未在混凝土达到设计强度后进行。 （14）拆模前未清除模板上堆放的杂物。 （15）在拆除区域未划定和设警戒线，未悬挂安全标志，未设专人监护。 （16）使用齿口扳等工具加工钢筋时，用力不均匀，操作方法不正确，造成钢筋伤人。	6.3.1.3　脚手架安装与拆除作业区域应设围栏和安全标示牌，搭拆作业应设专人安全监护，无关人员不得入内。 6.3.1.4　遇六级及以上风、浓雾、雨或雪等天气时应停止脚手架搭设与拆除作业。 6.4　混凝土施工 6.4.1　一般规定 6.4.1.1　混凝土工程施工方案应按规定进行审批、论证，进行安全技术交底，作业时并应严格作业票管理。 6.4.1.2　材料场应按种类、规格、批次分开储存与堆放，砂石堆场应有适当的坡度，安全防护设施齐全规范。 6.4.1.3　夜间施工应有足够的照明，在深坑和潮湿地点施工应使用低压安全照明。 6.4.1.4　施工中应经常检查脚手架或作业平台、基坑边坡、安全防护设施等，发现异常情况及时处理。 6.4.2　模板工程 6.4.2.1　模板安装 6.4.2.1.1　模板的安装和拆除应符合相关标准规定。模板安装，拆除施工前应编制专项施工方案，高大模板支撑工程的专项施工方案应组织专家审查、论证。 6.4.2.1.5　模板支架立杆底部应加设满足支撑承载力要求的垫板，不得使用砖及脆性材料铺垫。 6.4.2.1.10　向坑槽内运送材料时，坑上坑下应统一指挥，使用溜槽或绳索向下放料，不得抛掷。

序号	安全风险	风险等级	预控措施	易出现的问题	规程规范要求
1	物体打击	二级	（17）使用钢筋弯曲机时，操作人员应站在钢筋活动端的反方向，弯曲小于400mm的短钢筋时，要防止钢筋弹出伤人。 （18）使用切断机切断大直径钢筋时，应在切断机口两侧机座上安装两个角钢挡杆，防止钢筋摆动。切割短于400mm的短钢筋应用钳子夹牢，且钳柄不得短于500mm，不得直接用手把持。 （19）绑扎框架钢筋时，作业人员禁止站在钢筋骨架上，禁止攀登柱骨架上下。 （20）向孔内下钢筋笼时，人员不得下孔摘除吊绳，应采用两人在笼侧面协助找正，对准孔口慢速下笼、到位固定的方法下钢筋笼	（17）绑扎框架钢筋时，作业人员站在钢筋骨架上，造成框架坍塌、人身伤害。 （18）向孔内下钢筋笼时，人员进入孔内摘除吊绳，钢筋笼造成人身伤害	6.4.2.1.13　安装钢模板，遇U形卡孔错位时，应调节或更换模板，不得猛锤硬撬U形卡。 6.4.2.1.16　模板调整找正要轻动轻移，严防模板滑落伤人；合模时逐层找正，逐层支撑加固，斜撑、水平撑应与补强管（木）可靠固定。 6.4.2.2　模板拆除 6.4.2.2.1　模板拆除应在混凝土达到设计强度后方可进行。拆模前应清除模板上堆放的杂物，在拆除区域划定并设警戒线，悬挂安全标志，设专人监护，非作业人员不得进入。 6.4.3　钢筋工程 6.4.3.1　钢筋搬运 6.4.3.1.1　钢筋搬运、堆放应与电力设施保持安全距离，严防碰撞。搬运时应注意钢筋两端摆动，防止碰撞物体或打击人身。 6.4.3.1.2　多人抬运钢筋时，应有统一指挥，起、落、转、停等动作一致。 6.4.3.1.5　在使用吊车吊运钢筋时应绑扎牢固并设控制绳，钢筋不得与其他物件混吊。 6.4.3.2　钢筋加工 6.4.3.2.4　使用齿口扳弯曲钢筋时，操作台应牢固可靠，操作人要用力均匀，防止扳手滑移或钢筋崩断伤人。 6.4.3.2.5　使用调直机调直钢筋时，操作人员应与滚筒保持一定距离，不得戴手套操作。 6.4.3.2.6　钢筋调直到末端时，操作人员应避开，以防钢筋短头舞动伤人，短于2m或直径大于9mm的钢筋调直，应低速加工。 6.4.3.2.7　使用钢筋弯曲机时，操作人员应站在钢筋活动端的反方向，弯曲小于400mm的短钢筋时，要防止钢筋弹出伤人。
2	触电	二级	（1）在进行混凝土振捣作业时，振动器应按照“一机一闸一保护”要求，加装专用开关和保护器。 （2）人员进行振捣作业时须穿绝缘靴、戴绝缘手套。 （3）在进行钢筋加工时，切割机等加工机械应按照“一机一闸一保护”要求，加装专用开关和保护器	（1）在进行混凝土振捣作业或者钢筋加工作业时，未按照“一机一闸一保护”要求加装专用开关和保护器，设备或电源电缆发生漏电，造成作业人员触电。 （2）人员进行振捣作业时未穿绝缘靴、戴绝缘手套，设备漏电时造成作业人员触电	

续表 1－25

序号	安全风险	风险等级	预控措施	易出现的问题	规程规范要求
2	触电	二级			6.4.3.3　钢筋安装 6.4.3.3.2　深基坑内钢筋安装时，应在坑边设置安全围栏，坑边 1m 内禁止堆放材料和杂物。坑内使用的材料、工具禁止上下抛掷。 6.4.3.3.3　绑扎框架钢筋时，作业人员不得站在钢筋骨架上，不得攀登柱骨架上下。绑扎柱钢筋，不得站在钢箍上绑扎，不得将木料、管子等穿在钢箍内作脚手板。 6.4.3.3.8　向孔内下钢筋笼时，两人在笼侧面协助找正，对准孔口慢速下笼、到位固定，人员不得下孔摘除吊绳。 6.4.4.2　混凝土浇捣 6.4.4.2.2　卸料时基坑内不得有人，不得将混凝土直接翻入基坑内。 6.4.4.2.5　振捣作业人员应穿好绝缘靴、戴好绝缘手套。搬动振动器或暂停作业应将振动器电源切断。不得将运行中的振动器放在模板、脚手架上。 6.4.4.2.6　作业时不得使用振动器冲击或振动钢筋、模板及预埋件等。”

（7）电缆支架安装。本环节作业安全风险及预控措施见表 1－26。

表 1－26　　电缆支架安装作业安全风险及预控措施

序号	安全风险	风险等级	预控措施	易出现的问题	规程规范要求
1	物体打击	二级	（1）电缆支架须安装牢固且安排专人检查。 （2）电缆桥架的规格、支吊跨距、防腐类型须符合设计要求并安排专人检查。	（1）电缆支架安装不牢固。 （2）电缆桥架的规格、支吊跨距、防腐类型不符合设计要求。	《电气装置安装工程　电缆线路施工及验收标准》（GB 50168—2018）： “5.2　电缆支架的配制与安装

续表 1－26

序号	安全风险	风险等级	预控措施	易出现的问题	规程规范要求
1	物体打击	二级	（3）电缆桥架在每个支吊架上的固定须牢固，连接板的螺栓应紧固，螺母须位于电缆桥架的外侧且安排专人检查。 （4）两相邻电缆桥架的接口须紧密、无错位，且安排专人检查。 （5）电缆桥架转弯处的转弯半径，不得小于该桥架上的电缆最小允许弯曲半径的最大者，且安排专人检查	（3）电缆桥架在每个支吊架上的固定不牢固。 （4）两相邻电缆桥架的接口不紧密、存在错位。 （5）电缆桥架转弯处的转弯半径，小于该桥架上的电缆最小允许弯曲半径的最大者，发生电缆安装不牢固或外力固定	5.2.3　电缆支架应安装牢固。托架、支吊架固定方式应符合设计要求，并应符合下列规定: （1）水平安装的电缆支架，各支架的同层横档应在同一水平面上，偏差不应大于5mm; （2）电缆沟内或建筑物上安装的电缆支架，应有与电缆沟或建筑物相同的坡度; （3）托架、支吊架沿桥架走向偏差不应大于10mm; （4）电缆支架最上层及最下层至沟顶、楼板或沟底、地面的距离，当设计无要求时，不宜小于表5.2.3的规定。 5.2.5　电缆桥架的规格、支吊跨距、防腐类型应符合设计要求。 5.2.6　电缆桥架在每个支吊架上的固定应牢固，连接板的螺栓应紧固，螺母应位于电缆桥架的外侧。电缆托盘应有可供电缆绑扎的固定点，铝合金梯架在钢制支吊架上固定时，应有防电化腐蚀的措施。 5.2.7　两相邻电缆桥架的接口应紧密、无错位。 5.2.9　电缆桥架转弯处的转弯半径，不应小于该桥架上的电缆最小允许弯曲半径的最大者。 5.2.10　金属电缆支架、桥架及竖井全长均必须有可靠的接地。”
2	触电	二级	（1）金属电缆支架、桥架及竖井全长均必须有可靠的接地且安排专人检查。 （2）在进行钢筋加工时，切割机等加工机械应按照“一机一闸一保护”要求，加装专用开关和保护器	（1）金属电缆支架、桥架及竖井全长无可靠的接地。 （2）在进行钢筋加工作业时，未按照“一机一闸一保护”要求加装专用开关和保护器，设备或电源电缆发生漏电，造成作业人员触电	

（8）电缆排管（顶管）。本环节作业安全风险及预控措施见表 1－27。

表 1－27　　电缆排管（顶管）作业安全风险及预控措施

<table>
<tr><th>序号</th><th>安全风险</th><th>风险等级</th><th>预控措施</th><th>易出现的问题</th><th>规程规范要求</th></tr>
<tr><td>1</td><td>交通事故</td><td>一级</td><td>在居民区和交通道路附近作业，须具备相应的交通组织措施，并设围栏和警告标志，注意来往车辆，必要时派专人看守</td><td>（1）没有设围栏和警告标志。
（2）没有派专人看守。
（3）周围车辆误入作业区域，造成交通事故</td><td rowspan="4">《国家电网公司配电网工程典型设计（2016 年版）10kV 电缆分册》：
“7.3　模块方案说明
7.3.2　B－2 子模块
非开挖拉管一般采用改性聚丙烯塑料电缆导管，所用的管材应满足《电力电缆用导管技术条件》（DL/T 802.7—2010）要求；顶管一般采用柔性接头钢承口钢筋混凝土管，所用管材应满足《顶进施工法用钢筋混凝土排水管》（JC/T 640—2010）要求。所选管材均应按其埋设深度处受力校验力学性能。
7.3.4　使用说明
本典型设计考虑排管壁厚不同，应用于实际工程时应明确外部荷载、管材材质、内外径几何参数、环刚度等力学性能。拉管与顶管建设时，其建设规模除遵循电网规划外还需考虑适当预留。
选用排管的内径按不小于 1.5 倍的电缆外径的规定来选择，电缆与管道、地下设施、城市道路、公路平行交叉敷设也需满足有关规程规范的要求。拉管施工前应严格计算整段电缆在排管中的牵引力与侧压力，控制在电缆允许值范围内；穿越完成后应对电缆排管外壁、土体之间进行压密注浆，控制土体沉降，并对排管进行试通及管口封堵。
非开挖拉管采用圆形单孔管材，管材间的连接采用热熔焊，管材内壁应光滑，无凸起的毛刺。拉管数量根据工程情况进行选择，并根据电网远景规划适当预留。施工前应对电缆路径两侧 10m 范围内进行详细地质和障碍物勘探，根据实际情况制订详细施工方案和保护措施。拉管出入土角宜控制在 8°～15°，管材任意点的弧度应不大于 8°。两端电缆井待拉管穿越完成后，结合连接的电缆沟或排管断面尺寸和高差情况确定。”</td></tr>
<tr><td>2</td><td>物体打击</td><td>二级</td><td>（1）电缆顶管材料必须符合典型设计要求，且安排专人检查。
（2）选用排管的内径按不得小于 1.5 倍的电缆外径的规定来选择，且在穿管前进行检查</td><td>（1）电缆顶管材料不符合质量要求。
（2）选用排管的内径未按不小于 1.5 倍的电缆外径的规定来选择，造成管材伤人</td></tr>
<tr><td>3</td><td>机械伤害</td><td>二级</td><td>（1）起吊物件绑扎牢固，若物件有棱角或特别光滑的部位时，在棱角和滑面与绳索（吊带）接触处须加以包垫。
（2）汽车式起重机行驶时，上车操作室不得坐人。
（3）在起吊、牵引过程中，受力钢丝绳的周围、上下方、转向滑车内角侧、吊臂和起吊物的下面，禁止有人逗留和通过。
（4）在顶管作业中，须有专人监护，出钻口须设围栏，防止无关人员进入</td><td>（1）物件绑扎不牢固。
（2）物件棱角或特别光滑的部位没有加以包垫。
（3）起重机行驶时，上车操作室有人。
（4）受力钢丝绳的周围、上下方、转向滑车内角侧、吊臂和起吊物下面有人逗留和通过。
（5）顶管作业中操作不当，无关人员进入作业现场，造成机械伤人</td></tr>
<tr><td>4</td><td>公路通行中断</td><td>二级</td><td>电缆与管道、地下设施、城市道路、公路平行交叉敷设必须满足有关规程规范的要求</td><td>电缆与管道、地下设施、城市道路、公路平行交叉敷设不满足有关规程规范的要求，造成公路塌陷，影响交通</td></tr>
</table>

（9）电缆敷设。本环节作业安全风险及预控措施见表 1－28。

表 1－28　　电缆敷设作业安全风险及预控措施

序号	安全风险	风险等级	预控措施	易出现的问题	规程规范要求
1	交通事故	一级	在居民区和交通道路附近作业，须具备相应的交通组织措施，并设围栏和警告标志，注意来往车辆，必要时派专人看守	（1）没有设围栏和警告标志。 （2）没有派专人看守。 （3）周围车辆误入作业区域，造成交通事故	《国家电网公司电力安全工作规程（电网建设部分）（试行）》： “12.2　电缆敷设施工 12.2.1　电缆盘运输前应做好电缆盘的检查工作，确保电缆盘和电缆端头完好方可进行运输。 12.2.2　应根据电缆盘的规格、材质、结构等情况选择合适的吊装方式，并在吊装施工时做好相关的安全措施。 12.2.3　在搬运及滚动电缆盘时，应确保电缆盘结构牢固，滚动时方向正确。使用符合安全要求的工器具进行电缆盘转角度移动。 12.2.5　施工单位应派专人指挥电缆敷设施工，落实现场安全措施，确保现场通信联络畅通，确保作业人员人身安全。 12.2.6　电缆盘、输送机、电缆转弯处应按规定搭建牢固的放线架并放置稳妥，并设专人监护。电缆盘钢轴的强度和长度应与电缆盘重量和宽度相匹配，敷设电缆的机具应检查并调试正常。 12.2.7　用输送机敷设电缆时，所有敷设设备应固定牢固。作业人员应遵守有关操作规程，并站在安全位置，发生故障应停电处理。 12.2.8　用滑轮敷设电缆时，作业人员应站在滑轮前进方向，不得在滑轮滚动时用手搬动滑轮。
2	物体打击	二级	（1）电缆盘运输前须安排专人做好电缆盘的检查工作，确保电缆盘和电缆端头完好方可进行运输。 （2）安排有经验的专人根据电缆盘的规格、材质、结构等情况选择合适的吊装方式，并在吊装施工时做好相关的安全措施。 （3）在搬运及滚动电缆盘时，安排专人确保电缆盘结构牢固，滚动时方向正确。使用符合安全要求的工器具进行电缆盘转角度移动。 （4）施工单位必须指派专人指挥电缆敷设施工，落实现场安全措施，确保现场通信联络畅通，确保作业人员人身安全。 （5）电缆盘、输送机、电缆转弯处须按规定搭建牢固的放线架并放置稳妥，并设专人监护。 （6）安排专人对电缆盘钢轴的强度和长度与电缆盘重量和宽度的匹配程度进行检查，检查敷设电缆的机具并调试正常。 （7）用输送机敷设电缆时，所有敷设设备须固定牢固。	（1）电缆盘运输前未做好电缆盘的检查工作 （2）未根据电缆盘的规格、材质、结构等情况选择合适的吊装方式，未在吊装施工时做好相关的安全措施。 （3）在搬运及滚动电缆盘时，未确保电缆盘结构牢固、滚动时方向正确。未使用符合安全要求的工器具进行电缆盘转角度移动。 （4）施工单位未派专人指挥电缆敷设施工。 （5）电缆盘、输送机、电缆转弯处未按规定搭建牢固的放线架，或放置不稳妥，未设专人监护。 （6）电缆盘钢轴的强度和长度与电缆盘重量和宽度不匹配，敷设电缆的机具未检查或未调试正常。 （7）用输送机敷设电缆时，敷设设备未固定牢固。 （8）作业人员未遵守有关操作规程。 （9）用滑轮敷设电缆时，作业人员未站在滑轮前进方向。 （10）电缆展放敷设过程中，转弯处未设专人监护。	

续表 1－28

序号	安全风险	风险等级	预控措施	易出现的问题	规程规范要求
2	物体打击	二级	（8）作业人员须遵守有关操作规程，并站在安全位置，发生故障应停电处理。 （9）用滑轮敷设电缆时，作业人员应站在滑轮前进方向，不得在滑轮滚动时用手搬动滑轮。 （10）电缆展放敷设过程中，转弯处须设专人监护。 （11）转弯和进洞口前，放慢牵引速度，调整电缆的展放形态，当发生异常情况时，须立即停止牵引，经处理后方可继续作业。 （12）电缆通过孔洞或楼板时，两侧设监护人，入口处采取措施防止电缆被卡，不得伸手，防止被带入孔中。 （13）电缆敷设时，必须在电缆盘处配有可靠的制动装置。 （14）现场安排专人监护，人工展放电缆、穿孔或穿导管时，作业人员手握电缆的位置应与孔口保持适当距离。 （15）现场安排专人检查，用机械牵引电缆时，牵引绳的安全系数不得小于 3。 （16）作业人员不得站在牵引钢丝绳内角侧	（11）转弯和进洞口前，未放慢牵引速度。 （12）电缆通过孔洞或楼板时，两侧未设监护人。 （13）电缆敷设时，在电缆盘处没有可靠的制动装置。 （14）人工展放电缆、穿孔或穿导管时，作业人员手握电缆的位置与孔口过近。 （15）用机械牵引电缆时，牵引绳的安全系数小于 3。 （16）作业人员站在牵引钢丝绳内角侧	12.2.9 电缆展放敷设过程中，转弯处应设专人监护。转弯和进洞口前，应放慢牵引速度，调整电缆的展放形态，当发生异常情况时，应立即停止牵引，经处理后方可继续作业。电缆通过孔洞或楼板时，两侧应设监护人，入口处应采取措施防止电缆被卡，不得伸手，防止被带入孔中。 12.2.11 电缆敷设时，应在电缆盘处配有可靠的制动装置，应防止电缆敷设速度过快及电缆盘倾斜、偏移。 12.2.12 人工展放电缆、穿孔或穿导管时，作业人员手握电缆的位置应与孔口保持适当距离。 12.2.13 用机械牵引电缆时，牵引绳的安全系数不得小于 3。作业人员不得站在牵引钢丝绳内角侧。 12.2.15 进入带电区域内敷设电缆时，应取得运维单位同意，办理工作票，设专人监护。 12.2.16 电缆穿入带电的盘柜前，电缆端头应做绝缘包扎处理，电缆穿入时盘上应有专人接引，严防电缆触及带电部位及运行设备。 12.2.18 电缆施工完成后应将穿越过的孔洞进行封堵。”
3	触电	二级	（1）进入带电区域内敷设电缆时，必须取得运维单位同意，办理工作票，设专人监护。 （2）电缆穿入带电的盘柜前，电缆端头须做绝缘包扎处理	（1）电缆穿入带电的盘柜前，电缆端头未做绝缘包扎处理。 （2）进入带电区域内敷设电缆时，未取得运维单位同意，未办理工作票，无专人监护，造成触电风险	

（10）电缆终端头（中接头）制作。本环节作业安全风险及预控措施见表 1－29。

表 1－29　电缆终端头（中接头）制作作业安全风险及预控措施

<table>
<tr><th>序号</th><th>安全风险</th><th>风险等级</th><th>预控措施</th><th>易出现的问题</th><th>规程规范要求</th></tr>
<tr><td>1</td><td>物体打击</td><td>二级</td><td>在电缆终端施工区域下方须设置围栏或采取其他保护措施，禁止无关人员在作业地点下方通行或逗留</td><td>在电缆终端施工区域下方未设置围栏或采取其他保护措施</td><td rowspan="3">《国家电网公司电力安全工作规程（电网建设部分）（试行）》：
“12.3　电缆接头施工
12.3.2　在电缆终端施工区域下方应设置围栏或采取其他保护措施，禁止无关人员在作业地点下方通行或逗留。
12.3.4　制作环氧树脂电缆头和调配环氧树脂作业过程中，应采取有效的防毒和防火措施。
12.3.7　对施工区域内临近的运行电缆和接头，应采取妥善的安全防护措施加以保护，避免影响正常的施工作业。
12.3.8　使用携带型火炉或喷灯时，火焰与带电部分的安全距离：电压在 10kV 及以下者，应大于 1.5m；电压在 10kV 以上者，应大于 3m。不得在带电导线、带电设备、变压器、油断路器附近以及在电缆夹层、隧道、沟洞内对火炉或喷灯加油、点火。在电缆沟盖板上或旁边进行动火工作时需采取必要的防火措施。”</td></tr>
<tr><td>2</td><td>中毒、火灾</td><td>二级</td><td>制作环氧树脂电缆头和调配环氧树脂作业过程中，须采取有效的防毒和防火措施</td><td>制作环氧树脂电缆头和调配环氧树脂作业过程中，未采取有效的防毒和防火措施</td></tr>
<tr><td>3</td><td>触电</td><td>二级</td><td>（1）使用携带型火炉或喷灯时，火焰与带电部分的安全距离必须符合要求并安排专人检查。
（2）对施工区域内临近的运行电缆和接头，须采取妥善的安全防护措施加以保护</td><td>（1）使用携带型火炉或喷灯时，火焰与带电部分的安全距离不足。
（2）对施工区域内临近的运行电缆和接头，未采取妥善的安全防护措施加以保护，影响正常的施工作业</td></tr>
</table>

（11）电缆试验。本环节作业安全风险及预控措施见表 1－30。

表 1－30　　电缆试验作业安全风险及预控措施

序号	安全风险	风险等级	预控措施	易出现的问题	规程规范要求
1	触电	二级	（1）电缆耐压试验前，须对设备充分放电，并测量绝缘电阻。 （2）安排专人在加压端做好安全措施，防止人员误入试验场所。另一端设置围栏并挂上警告标示牌。 （3）被试电缆两端及试验操作设专人监护，并保持通信畅通。 （4）连接试验引线时，必须做好防风措施。 （5）更换试验引线时，安排专人先对设备充分放电。 （6）电缆试验过程中，作业人员戴好绝缘手套并穿绝缘靴或站在绝缘垫上。 （7）电缆耐压试验分相进行时，另外两相须可靠接地并安排专人检查。 （8）电缆试验过程中发生异常情况时，须立即断开电源，经放电、接地后方可检查。 （9）电缆试验结束，须对被试电缆进行充分放电。 （10）电缆故障声测定点时，禁止直接用手触摸电缆外皮或冒烟小洞	（1）电缆耐压试验前，未对设备充分放电，未测量绝缘电阻。 （2）加压端未做安全措施，另一端未设置围栏并挂上警告标示牌。 （3）被试电缆两端及试验操作未设专人监护。 （4）连接试验引线时，未做好防风措施。 （5）更换试验引线时，未对设备充分放电。 （6）电缆试验过程中，作业人员未戴好绝缘手套且未穿绝缘靴或站在绝缘垫上。 （7）电缆耐压试验分相进行时，另外两相未可靠接地。 （8）电缆试验过程中发生异常情况时，未断开电源、放电及接地就立刻进行检查。 （9）电缆试验结束，未对被试电缆进行充分放电，未在被试电缆上加装临时接地线。 （10）电缆故障声测定点时，试验人员直接用手触摸电缆外皮或冒烟小洞	《国家电网公司电力安全工作规程（电网建设部分）（试行）》： “12.4　电缆试验 12.4.1　电缆耐压试验前，应对设备充分放电，并测量绝缘电阻。加压端应做好安全措施，防止人员误入试验场所。另一端应设置围栏并挂上警告标示牌。如另一端在杆上或电缆开断处，应派人看守。试验区域、被试系统的危险部位或端头应设临时遮栏，悬挂‘止步，高压危险！’标示牌。 12.4.2　被试电缆两端及试验操作应设专人监护，并保持通信畅通。 12.4.3　连接试验引线时，应做好防风措施，保证与带电体有足够的安全距离。试验引线的安全距离应符合表 13 要求。更换试验引线时，应先对设备充分放电。 12.4.4　电缆试验过程中，作业人员应戴好绝缘手套并穿绝缘靴或站在绝缘垫上。 12.4.5　电缆耐压试验分相进行时，另外两相应可靠接地。 12.4.6　电缆试验过程中发生异常情况时，应立即断开电源，经放电、接地后方可检查。 12.4.7　电缆试验结束，应对被试电缆进行充分放电，并在被试电缆上加装临时接地线，待电缆尾线接通后方可拆除。 12.4.8　电缆故障声测定点时，禁止直接用手触摸电缆外皮或冒烟小洞，以免触电。 12.4.9　遇有雷雨及六级以上大风时应停止高压试验。”
2	雷击	二级	遇有雷雨及六级以上大风时须停止高压试验	在有雷雨及六级以上大风时进行高压试验	

（12）电缆连接。本环节作业安全风险及预控措施见表 1－31。

表 1－31　　电缆连接作业安全风险及预控措施

序号	安全风险	风险等级	预控措施	易出现的问题	规程规范要求
1	触电	二级	变压器引线与电缆连接时，电缆及其终端头均不得与变压器外壳直接接触	变压器引线与电缆连接时，电缆及其终端头无人监护，与变压器外壳直接接触，造成触电风险	《国家电网公司电力安全工作规程（电网建设部分）（试行）》： “3.5.2.4　变压器引线与电缆连接时，电缆及其终端头均不得与变压器外壳直接接触。”

（13）电缆桩安装。本环节作业安全风险及预控措施见表 1－32。

表 1－32　　电缆桩安装作业安全风险及预控措施

序号	安全风险	风险等级	预控措施	易出现的问题	规程规范要求
1	物体打击	一级	标识桩一般为普通钢筋混凝土预制构件，安装、搬运过程中应注意安全	安装过程中被标识桩砸伤	《国家电网公司配电网工程典型设计（2016年版）10kV 电缆分册》： “4.3.8.3　标识桩、标识贴 标识桩一般为普通钢筋混凝土预制构件，面喷涂料，颜色宜为黄底红字。敷设路径起、终点及转弯处，以及直线段每隔 20m 应设置一处，当电缆路径在绿化隔离带、灌木丛等位置时可延至每隔 50m 设置一处。 直埋电缆在人行道、车行道等不能设置高出地面的标志时，可采用平面标识贴。电缆标识贴应牢靠固定于地面，宜选用树脂反光或不锈钢等耐磨损耐腐蚀的材料。树脂反光材料背面用网格地胶固定；不锈钢材料背面做好锚固件。”

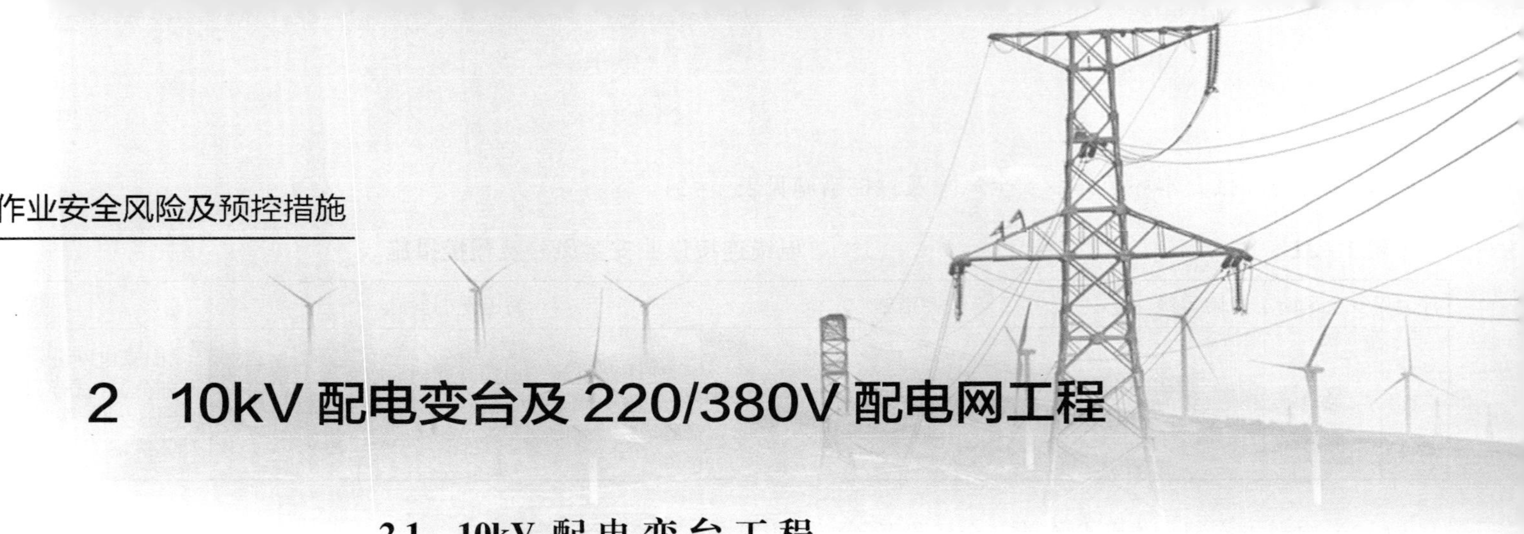

2　10kV配电变台及220/380V配电网工程

2.1　10kV配电变台工程

新建10k配电变台工程多分布在村庄、乡镇人员密集地带，建设规模较大，施工周期较长，施工环境复杂，非工作人员临近出入频繁，建设全过程存在多种安全风险。针对以上情况，对工作范围内各节点面临的安全风险超前分析，制订可行的预控措施；梳理易出现的问题，指导工程建设人员有效规避各类风险，确保工程建设过程中安全施工、按期完成。

（1）现场勘察。本环节作业安全风险及预控措施见表2－1。

表2－1　　现场勘察作业安全风险及预控措施

序号	安全风险	风险等级	预控措施	易发生的问题	规程规范要求
1	物体打击	一级	（1）作业人员进入落物高发区应戴安全帽。 （2）作业人员应穿着全棉长袖工作服。 （3）夜间作业人员应配备足够的照明器材	（1）未戴安全帽或未按要求戴安全帽，造成人员碰伤、刮伤。 （2）未穿着全棉长袖工作服，造成人员碰伤、刮伤。 （3）夜间未配备足够的照明器材，造成刮伤、摔伤	（1）《国家电网公司电力安全工作规程（配电部分）（试行）》： “3.2　现场勘察制度 3.2.1　配电检修（施工）作业和用户工程、设备上的工作，工作票签发人或工作负责人认为有必要现场勘察的，应根据工作任务组织现场勘察，并填写现场勘察记录（见附录A）。

序号	安全风险	风险等级	预控措施	易发生的问题	规程规范要求
2	动物伤人	一级	（1）进村庄对可能有狗的地方应先喊叫，可备用棍棒，防备狗突然窜出。 （2）在杂草丛生有蛇活动的地区作业时应带一树枝条，边走边打草，打草惊蛇，避免被蛇咬伤。 （3）发现马蜂窝不要靠近，更不能触碰。 （4）采取有效措施，避免野生动物伤人	作业人员在野外、村庄勘察时受野生动物、家畜伤害，造成人身伤害、精神惊吓	3.2.2　现场勘察应由工作票签发人或工作负责人组织，工作负责人、设备运维管理单位（用户单位）和检修（施工）单位相关人员参加。对涉及多专业、多部门、多单位的作业项目，应由项目主管部门、单位组织相关人员共同参与。 3.2.3　现场勘察应查看检修（施工）作业需要停电的范围、保留的带电部位、装设接地线的位置、邻近线路、交叉跨越、多电源、自备电源、地下管线设施和作业现场的条件、环境及其他影响作业的危险点，并提出针对性的安全措施和注意事项。 3.2.4　现场勘察后，现场勘察记录应送交工作票签发人、工作负责人及相关各方，作为填写、签发工作票等的依据。 3.2.5　开工前，工作负责人或工作票签发人应重新核对现场勘察情况，发现与原勘察情况有变化时，应及时修正、完善相应的安全措施。” （2）《生产作业安全管控标准化工作规范（试行）》（国家电网安质〔2016〕356 号）： “3.1　现场勘察 3.1.1　需要现场勘察的作业项目 e）配电线路杆塔组立、导线架设、电缆敷设等检修、改造项目施工作业。 f）新装（更换）配电箱式变电站、开闭所、环网单元、电缆分支箱、变压器、柱上开关等设备作业。 g）带电作业。 h）涉及多专业、多单位、多班组的大型复杂作业和非本班组管辖范围内设备检修（施工）的作业。
3	疫情	一级	现场勘察严格执行《现场作业防疫措施二十条》（鲁电安监〔2020〕70 号）	（1）现场勘察人员未执行《现场作业防疫措施二十条》（鲁电安监〔2020〕70 号），未戴口罩、未测量体温等。 （2）突发新型冠状病毒或其他疫情感染	
4	溺水	一级	（1）勘察路径应尽量选择远离水域（江、河、湖、海等）岸边的地方。 （2）工作中应尽量避开不明深浅的水域。 （3）配备必要的救生器材或渡水器具。 （4）作业人员不得拥挤、嬉闹。 （5）涉水人员应具有一定游泳技能	（1）靠近水域（江、河、湖、海等）岸边发生落水事故，造成人员溺水。 （2）涉水时未探明深浅，发生人员溺水。 （3）涉水时缺少游泳技能或相应器具，发生人员溺水	

续表 2－1

序号	安全风险	风险等级	预控措施	易发生的问题	规程规范要求
5	交通事故	二级	（1）勘察人员应尽量沿道路路边行走，不影响车辆交通。 （2）注意观察来往车辆，及时避让。 （3）人员应尽量远离快速公路。 （4）提前问明机车过往时段，利用机车通过间隙勘察现场，并设专人监视，发现异常及时撤离	勘察人员行走、行车时未注意车辆，发生交通事故	i）使用吊车、挖掘机等大型机械的作业。 j）跨越铁路、高速公路、通航河流等施工作业。 k）试验和推广新技术、新工艺、新设备、新材料的作业项目。 l）工作票签发人或工作负责人认为有必要现场勘察的其他作业项目。 3.1.2 现场勘察组织 a）现场勘察应在编制‘三措’及填写工作票前完成。 b）现场勘察由工作票签发人或工作负责人组织。 c）现场勘察一般由工作负责人、设备运维管理单位和作业单位相关人员参加。 d）对涉及多专业、多单位的大型复杂作业项目，应由项目主管部门、单位组织相关人员共同参与。 e）承发包工程作业应由项目主管部门、单位组织，设备运维管理单位和作业单位共同参与。 f）开工前，工作负责人或工作票签发人应重新核对现场勘察情况，发现与原勘察情况有变化时，应及时修正、完善相应的安全措施。 3.1.3 现场勘察主要内容 a）需要停电的范围：作业中直接触及的电气设备，作业中机具、人员及材料可能触及或接近导致安全距离不能满足《电力安全工作规程》规定距离的电气设备。 b）保留的带电部位：邻近、交叉、跨越等不需停电的线路及设备，双电源、自备电源、分布式电源等可能反送电的设备。
6	高处坠落	一级	（1）勘察路径尽量选择平坦地面或远离坑、井等临空面的地方进行。 （2）必须在坑、井（特别注意枯井、废弃机井）等临空面处勘察时，应加强监护，并采取防坠落措施。 （3）勘察人员不得拥挤、嬉闹。 （4）在山坡上勘察时应避免踩踏不稳固的石头；在山脚下行走时应随时观察山坡是否有落石的危险	（1）勘察人员在坑、井附近勘察时未注意，也未加强监护，造成人员坠落等伤害。 （2）避让不及时被落物击伤	

续表 2-1

序号	安全风险	风险等级	预控措施	易发生的问题	规程规范要求
7	雷击触电	一级	室外勘察遇有雷雨时，应停止勘察，若无法避免时，应采取防雷措施（如穿绝缘靴，不站于高处，远离线路及树木，不接打移动电话）	勘察中遇有雷雨天气，发生雷击伤人	c）作业现场的条件：装设接地线的位置，人员进出通道，设备、机械搬运通道及摆放地点，地下管沟、隧道、工井等有限空间，地下管线设施走向等。 d）作业现场的环境：施工线路跨越铁路、电力线路、公路、河流等环境，作业对周边构筑物、易燃易爆设施、通信设施、交通设施产生的影响，作业可能对城区、人口密集区、交通道口、通行道路上人员产生的人身伤害风险等。 e）需要落实的‘反措’及设备遗留缺陷。 3.1.4　现场勘察记录 a）现场勘察应填写现场勘察记录（附录 B）。 b）现场勘察记录宜采用文字、图示或影像相结合的方式。记录内容包括：工作地点需停电的范围，保留的带电部位，作业现场的条件、环境及其他危险点，应采取的安全措施，附图与说明。 c）现场勘察记录应作为工作票签发人、工作负责人及相关各方编制‘三措’和填写、签发工作票的依据。 d）现场勘察记录由工作负责人收执。勘察记录应同工作票一起保存一年。” （3）《现场作业防疫措施二十条》（鲁电安监〔2020〕70 号）现场作业防疫有关要求

（2）施工前准备。本环节作业安全风险及预控措施见表 2-2。

表 2-2　　施工前准备作业安全风险及预控措施

序号	安全风险	风险等级	预控措施	易发生的问题	规程规范要求
1	管理不到位	一级	（1）根据现场工作实际情况，综合考虑施工现场各类因素，编制施工方案，及时提报给相关单位及分管领导审批，并报备。 （2）按照施工计划，工作负责人（工作票签发人）提前办理工作票和施工作业票，按照工作流程进行报审。 （3）根据里程碑计划，梳理每日工作任务，进行分解，各类管理人员加强督导管控，督查参建人员。 （4）业主单位组织监理、设计施工人员开展技术交底，明确各类事项。 （5）按照工作计划，提前准备试验合格、充足、与施工现场相匹配的工器具和材料。 （6）分包商必须进入合格分包商名单，且资质时效在规定期限内。 （7）检查外来施工队伍（分包人员）建档立卡情况，重点审查资质、合同、安全协议签订及安全教育培训考试等内容。	（1）“三措”审批流程不正确，未经设备运维管理单位、相关专业管理部门、分管领导逐级审批。 （2）现场标准化作业指导书无审核、审定人员签字。 （3）施工作业票中需设专责监护人的工作，未在指定位置填写。 （4）现场施工作业未使用工作票和施工作业票（无票作业）。 （5）填写的工作票（施工作业票）内容错误。 （6）工作票上的内容与实际工作不符。 （7）“日管控”工作任务、人员数量及主要危险点与现场实际不相符。 （8）现场施工作业未列入“日管控”。 （9）工作票（施工作业票）制订的安全措施针对性差、无操作性。 （10）施工方案没有风险判别，且危险点分析及控制的措施不满足现场需要。 （11）机具和安全工器具没有统一编号；使用前没有检查。使用损坏、变形、有故障等不合格的机具和安全工器具。 （12）接地线操作棒手持部分护套缺失，且导线绝缘护套破损。 （13）脚扣防滑胶垫磨损严重，起不到防滑作用。 （14）作业现场安全带破损且试验超期。 （15）外协队伍车辆私自携带安全工器具到现场，且与材料、工器具混放。 （16）绝缘梯底部防滑垫缺失，没有 1m 限高标志。	（1）《生产作业安全管控标准化工作规范（试行）》（国家电网安质〔2016〕356 号）： “3.2　风险评估 3.2.1　现场勘察结束后，编制‘三措’、填写‘两票’前，应针对作业开展风险评估工作。 3.2.2　风险评估一般由工作票签发人或工作负责人组织。 3.2.3　设备改进、革新、试验、科研项目作业，应由作业单位组织开展风险评估。 3.2.4　涉及多专业、多单位共同参与的大型复杂作业，应由作业项目主管部门、单位组织开展风险评估。 3.2.5　风险评估应针对触电伤害、高处坠落、物体打击、机械伤害、特殊环境作业、误操作等方面存在的危险因素，全面开展评估。 3.2.6　风险评估出的危险点及预控措施应在‘两票’‘三措’等中予以明确。 3.3　承载力分析 3.3.1　地市公司级单位、县公司级单位应利用月度计划平衡会、周安全生产例会统筹开展所属单位、二级机构承载力分析工作。二级机构应利用周安全生产例会、班组应利用周安全日活动，开展作业承载力分析工作，保证作业安排在承载力范围内。 3.3.2　各单位、二级机构承载力分析内容 a）可同时派出的班组数量。 b）派出班组的作业能力是否满足作业要求。 c）多专业、多班组、多现场间工作协调是否满足作业需求。

续表 2-2

序号	安全风险	风险等级	预控措施	易发生的问题	规程规范要求
1	管理不到位	一级	（8）按照规定签订承发包合同及相应的安全协议。 （9）严格执行建档立卡要求	（17）接地线磨损严重且试验合格标签无法辨认。 （18）施工现场缺少必要的安全工器具。 （19）绝缘手套、绝缘靴、验电笔、绝缘操作杆、接地线、安全带、脚扣现场检查不合格。 （20）绝缘手套、绝缘靴、验电笔、绝缘操作杆、接地线、安全带、脚扣无试验合格证或试验合格证破损严重无法辨认。 （21）安全工器具超期。 （22）钢丝绳、牵引绳、工作绳磨损严重。 （23）作业现场无应急医药箱，应急医药箱内无药品或药品超期。 （24）分包商不在公布名单中。 （25）分包队伍资质过期或与承担工程不匹配。 （26）未核实分包队伍承载力，超过其承载力承发包。 （27）合同签订时间滞后，内容不规范。 （28）签订的合同、安全协议超范围或未明确劳务分包范围。 （29）应用的合同、安全协议超使用期限。 （30）部分施工队伍人员未建档立卡。 （31）分包队伍私制胸牌。	3.3.3　作业班组承载力分析内容 a）可同时派出的工作组和工作负责人数量。每个作业班组同时开工的作业现场数量，不得超过工作负责人数量。 b）作业任务难易水平、工作量大小。 c）安全防护用品、安全工器具、施工机具、车辆等是否满足作业需求。 d）作业环境因素（地形地貌、天气等）对工作进度、人员配备及工作状态造成的影响等。 3.3.4　作业人员承载力分析内容 a）作业人员身体状况、精神状态以及有无妨碍工作的特殊病症。 b）作业人员技能水平、安全能力。技能水平可根据其岗位角色、是否担任工作负责人本专业工作年限等综合评定。安全能力应结合《电力安全工作规程》考试成绩、人员违章情况等综合评定。 3.3.5　各级单位应积极推进承载力量化分析工作，提升作业计划和工作安排的科学化、规范化管理水平。 3.4　‘三措’编制 3.4.1　需编制‘三措’的项目 3.4.2　作业单位应根据现场勘察结果和风险评估内容编制‘三措’。对涉及多专业、多单位的大型复杂作业项目，应由项目主管部门、单位组织相关人员编制‘三措’。 3.4.3　‘三措’内容包括任务类别、概况、时间、进度、需停电的范围、保留的带电部位及组织措施、技术措施和安全措施。

序号	安全风险	风险等级	预控措施	易发生的问题	规程规范要求
1	管理 不到位	一级		（32）外来施工人员无胸卡证。 （33）未开展安全教育培训，安全教育培训流于形式，未经考试上岗工作或考试不合格许可进入施工现场	3.4.4 ‘三措’应分级管理，经作业单位、监理单位（如有）、设备运维管理单位、相关专业管理部门、分管领导逐级审批，严禁执行未经审批的‘三措’。 3.5 ‘两票’填写 3.5.1 在电气设备上及相关场所的工作，应填用工作票、倒闸操作票。各级单位应规范‘两票’填写与执行标准，明确使用范围、内容、流程、术语。 3.5.2 作业单位应根据现场勘察、风险评估结果，由工作负责人或工作票签发人填写工作票。 3.5.3 工作票‘双签发’相关要求。 a）承发包工程中，作业单位在运用中的电气设备上或已运行的变电站内工作，工作票宜由作业单位和设备运维管理单位共同签发，在工作票上分别签名，各自承担相应的安全责任。 b）发包方工作票签发人主要对工作票上所填工作任务的必要性、安全性和安全措施是否正确完备负责；承包方工作票签发人主要对所派工作负责人和工作班人员是否适当和充足以及安全措施是否正确完备负责。 3.5.4 承发包工程宜由作业单位人员担任工作负责人，若设备运维管理单位认为有必要，可派人担任工作负责人或增派专人监护。 3.5.5 生产厂家、外协服务等人员参加现场作业，应由设备运维管理单位人员担任工作负责人，执行相应工作票。” （2）《国国家电网公司城乡配网建设与改造工程业主监理施工项目部安全管理工作规范（试行）》（安质二〔2017〕56 号）：

续表 2-2

序号	安全风险	风险等级	预控措施	易发生的问题	规程规范要求
1	管理 不到位	一级			“第十条 （四）施工项目部是施工现场安全的责任主体。在施工合同中所列工程的施工项目，所有工作票、安全施工作业票均应以施工项目部名义办理，涉及运行设备的工作票和安全施工作业票应实行设备运维单位和施工单位‘双签发’。劳务分包人员不得担任工作票签发人、工作负责人。” （3）《国网山东省电力公司发承包工程管理30条禁令》（鲁电安质〔2017〕367号）： “二、工程管理‘七严禁’ （1）严禁不培训考试、不开展进场登记交底核查即施工。 （2）严禁随意压缩工期、变更施工计划。 （3）严禁安排劳务分包人员担任工作负责人、专责监护人、自带安全工器具和不纳入班组管理。 （4）严禁监理人员在施工作业期间脱岗或不履行监理职责。 （5）严禁未经关键工序、工艺验收合格即转序作业。 （6）严禁使用未经签字验收合格的材料、配件。 （7）严禁以包代管、以罚代管、不开展安全资信报备。”

（3）开工会。本环节作业安全风险及预控措施见表 2-3。

表 2-3　　开工会作业安全风险及预控措施

序号	安全风险	风险等级	预控措施	易发生的问题	规程规范要求
1	管理不到位	一级	（1）工作负责人在开工会上对作业人员进行检查，作业人员必须按规定着装，精神状态良好，劳务分包人员胸卡证齐全有效，否则不允许进入作业现场。 （2）工作负责人认真清点、核对作业人员数量，参加会议人员应与工作票、作业指导书（卡）人员数量相等，人员一致。 （3）工作负责人根据工作票、作业指导书（卡）、“三措一案”所列内容全面、详细交代现场安全措施和安全注意事项。 （4）工作负责人进行安全交底后，全体作业人员在工作票（指导书、卡）上履行签名确认手续。 （5）工作前，工作负责人应认真对外单位承担或外来工作人员（包括民工）告知现场安全措施、线路（设备）带电部位、危险点和安全注意事项。 （6）工作班成员应认真参加开工会，集中精力听讲，有疑问者应及时提问。 （7）作业人员有精神状态不佳、身体不适者，应主动向工作负责人汇报实情。 （8）未得到工作负责人许可开工前，任何人员不得开始现场作业。 （9）未参加开工会的人员严禁进入施工现场，新增工作人员须经工作负责人安全交底，并签名确认后方可进行现场作业。 （10）外单位承担或外来工作人员（包括民工）确认被告知内容后，应履行安全交底签名确认手续后方可参加工作	（1）未召开开工会，工作人员不清楚工作任务、工作范围等情况。 （2）无施工现场看板，施工人员不清楚现场工作情况。 （3）现场看板内容缺少或不符合要求。 （4）施工看板上特种人员资质证件照片不全、图片模糊不清。 （5）施工看板未公示分包商（施工单位）资质情况。 （6）工作许可前召开开工会，工作流程不对应。 （7）现场工作票中，工作人员未签字确认。 （8）工作票中，工作班组人员签名存在造假（代签）现象。 （9）多日连续作业的工作票，没有履行每日安全交底签字手续。 （10）工作票（施工作业票）未进行交底和履行签名	（1）《生产作业安全管控标准化工作规范（试行）》（国家电网安质〔2016〕356 号）： “3.6　班前会 3.6.1　班前会由班组长组织全体班组人员召开。 3.6.2　班前会应结合当班运行方式、工作任务，开展安全风险评估，布置风险预控措施，组织交代工作任务、作业风险和安全措施，检查个人安全工器具、个人劳动防护用品和人员精神状况。” （2）《国家电网公司电力安全工作规程（电网建设部分）（试行）》： “3.5.4.23　在光线不足的作业场所及夜间作业的场所均应有足够的照明。” （3）《国家电网公司电力安全工作规程（配电部分）（试行）》 “4.5.12　城区、人口密集区或交通道口和通行道路上施工时，工作场所周围应装设遮栏（围栏），并在相应部分装设警告标示牌，必要时，派人看管。”

续表 2-3

序号	安全风险	风险等级	预控措施	易发生的问题	规程规范要求
2	交通事故	一级	（1）人员站在道路边上，不得影响车辆通行。 （2）设置安全警示标志。 （3）设专人在会场两端拿颜色鲜艳的旗帜提醒过往车辆。 （4）禁止在铁路附近开会	（1）开工会在道路或路边上召开。 （2）开工会现场未设置围栏及安全警示标志，各种车辆较多，发生被撞交通事故	
		二级	（1）夜间施工，会议现场要有足够的照明设施。 （2）夜间施工，应设置灯光或反光安全警示标志。 （3）夜间施工，应设专人在会场两端手持灯光指示器提醒过往车辆	夜间施工，开工会现场灯光照明不足，反光安全警示不足，道路上行人或车辆误入开工会现场，发生交通事故	
3	高处坠落	一级	（1）会议地点尽量选择平坦地点或远离坑、井等临空面的地方。 （2）会议期间严肃纪律，不得拥挤。 （3）在坑、井等临空面处，应设置防护装置和安全警示标志。 （4）会议前详细介绍现场环境情况，对坑、井等临空面交代其具体位置和安全注意事项，对于站在距离坑、井等临空面较近的人员，应采取防坠落措施	（1）开工会未交代工作任务、人员分工、危险点、安全措施和安全注意事项。 （2）开工会未对人员进行提问滚落、坠落风险。 （3）开工会交代安全注意事项，人员未签字确认。 （4）开工会交代全注意事项，人员签字确认有代签名情况	
4	溺水	一级	（1）会议地点尽量选择远离水域（江、河、湖、海等）岸边的地方。 （2）会议期间严肃纪律，不得拥挤。 （3）在水域（江、河、湖、海等）岸边开会，应设置防护装置和安全警示标志。 （4）会议前详细介绍现场环境情况，交代水域（江、河、湖、海等）具体位置和安全注意事项，对于站在距离水域（江、河、湖、海等）较近的人员，应采取防落水措施。 （5）配备必要的落水施救器材	靠近水域（江、河、湖、海等）岸边开会，发生落水事故，造成人员溺水	

（4）现场安全措施布置。本环节作业安全风险及预控措施见表 2－4。

表 2－4　现场安全措施布置作业安全风险及预控措施

序号	安全风险	风险等级	预控措施	易发生的问题	规程规范要求
1	管理不到位	二级	（1）工作票上所列的安全措施应包括所有工作任务单上所列的安全措施。几个小组同时工作，使用工作任务单时，工作票的工作班成员栏内，可只填写各工作任务单的小组负责人姓名。工作任务单上应填写本工作小组人员姓名。 （2）工作票由工作负责人填写，也可由工作票签发人填写。应根据实际工作内容，办理相应类型的工作票，并由工作票签发人审核，手工或电子签发后方可执行。 （3）一张工作票中，工作票签发人、工作许可人和工作负责人三者不得为同一人。 （4）工作负责人需携带工作票、现场勘察记录、“三措”等资料到作业现场。 （5）工作负责人要正确组织工作，对工作班成员进行工作任务、安全措施交底和危险点告知。 （6）必须按照规定设立专责监护人，监护人要按照规定穿戴服装，专责人必须全程现场监护，并不得兼做其他工作。 （7）严格按照规程执行安全措施，应在工作地点四周装设围栏，其出入口要围至邻近道路旁边，并设有“从此进出！”标示牌。工作地点四周围栏上悬挂适当数量的“止步，高压危险！”标示牌，标示牌应朝向围栏里面。	（1）不按照工作票所列安全措施实施。 （2）使用的工作票（作业票）与实际工作不相符，工作票类型办理错误。 （3）工作负责人兼任工作许可人或从事其他施工工作。 （4）工作票不在施工现场。 （5）多日连续作业的工作票，没有履行每日安全交底签字手续。 （6）工作负责人对工作班成员分工模糊不明确。 （7）工作负责人对工作班成员身体状况、精神状态不明确。 （8）工作班成员未对工作任务和安全措施交底签字确认。 （9）未设立专责监护人。 （10）监护人不清楚监护范围和监护人员。 （11）专责监护人未穿标志服。 （12）专责监护人参与工程施工。 （13）专责监护人未全程在监护现场。 （14）作业现场安全围栏设置不规范，未全部封闭。 （15）部分现场围栏形同虚设，不能有效限制周围闲杂人员。 （16）在高压室内作业，运行设备没有全部装设围栏。 （17）监护现场措施（安全围栏、安全警示牌）未全面落实到位。	（1）《安全围栏设置规范》（鲁电安监〔2019〕416 号）： “1.4　同一作业任务的多个作业区域，每个作业区域应独立设置有唯一出口的围栏。 1.5　邻近通行道路作业，应在通行道路双向分别设置‘前方施工’‘车辆慢行’施工道路警示牌，必要时派人看管。 1.6　不满足围栏设置条件时，应在开工前一周向本单位安监部门报备并经书面批准许可，方可开展工作。 3　术语和定义 3.1　固定防护围栏 高度不低于 1700mm，材质为热镀锌钢网。 3.2　区域隔离围栏 高度为 1200mm，立柱高度为 1450mm，颜色为国网绿色（色号 3292C），材质为环氧树脂或 PE 等复合材料。 3.3　箱变隔离围栏 高度为 1500mm，颜色为黄色（色号 1375C），采用镀锌方钢管喷塑工艺制作。 3.4　伸缩型移动式围栏 高度为 1200mm，颜色为黄黑相间，材质为环氧树脂，每组单元长度为 4m。 3.5　施工道路警示牌 高度为 1200mm，由警示牌、边框和立柱组成，颜色为黄黑相间，材质为环氧树脂或 PE 等复合材料。

续表 2－4

序号	安全风险	风险等级	预控措施	易发生的问题	规程规范要求
1	管理不到位	二级	（8）在人员密集或有人员通过的地段进行杆塔上作业时，作业点下方应按坠落半径设围栏或其他保护措施。 （9）重要道路、关键路口要布置针对性安全措施，安排专人看管。 （10）检修（施工）现场及周围的悬崖、陡坎、深坑、高压带电区等危险场所均应设可靠的防护设施及安全标志；坑、沟、孔洞等均应铺设符合安全要求的盖板或设可靠的围栏、挡板及安全标志。 （11）现场作业必须持标准化作业指导卡进行，不得无标准化作业指导卡作业。停电操作应使用倒闸操作票。停电操作应由两人进行，一人操作，一人监护，并认真执行唱票、复诵制。 （12）操作前检查安全工器具外观是否合格，应在试验周期内，合格证齐全。 （13）正确使用安全工器具（绝缘靴、绝缘手套、绝缘拉杆）。 （14）使用接地线前要进行外观检查。 （15）严格按照工作票所列内容悬挂接地线，不允许私自变更。 （16）停电操作应按照先低压后高压，先断路器（开关）后隔离开关（刀闸）的顺序进行。 （17）操作前、后，均应检查核对现场设备名称、编号和断路器、隔离开关的断、合位置。	（18）杆塔上作业安全围栏不满足防坠落半径要求。 （19）涉及跨越道路、重要路口的检修（施工）任务，缺少针对性安全措施。 （20）检修（施工）地段及周围的孔洞、陡坎、悬崖等未设置围栏。 （21）擅自进行停电操作、无操作票（卡）或使用不合格的操作票操作（卡）、不进行模拟操作、不进行监护操作等。 （22）绝缘靴、绝缘手套、绝缘杆不合格或不按规定使用。 （23）接地线绝缘手柄损坏或缺失。 （24）工作现场挂接的接地线与工作票中所列的接地线编号不一致。 （25）现场装设接地线地点与工作票不一致。 （26）装设接地线位置与工作票实际不符。 （27）不按规定顺序操作，造成带负荷拉隔离开关。 （28）操作前、后未核对设备名称、编号和断路器、隔离开关的断、合位置，造成误操作。 （29）没有安排专人检查是否有明显断开点，线路有人工作时，未将停电线路的所有T 接地点跌落式熔断器拉开并取下。 （30）绝缘手套、验电器不合格或不按规定使用，造成人身触电。 （31）验电时不戴绝缘手套。 （32）验电前未在带电设备上检测验电器。	7.1　高压试验时，采用伸缩型移动式围栏封闭加压设备和被试验设备，试验现场围栏与试验设备高压部分应有足够的安全距离。 7.3　室外大型机具、吊车等设备有安全风险的，应对设备作业面有安全风险的部位设置伸缩型移动式围栏。” （2）《国家电网公司电力安全工作规程（配电部分）（试行）》： “3.3.12.2　工作负责人职责 （1）正确组织工作。 （2）检查工作票所列安全措施是否正确完备，是否符合现场实际条件，必要时予以补充完善。 （3）工作前，对工作班成员进行工作任务、安全措施交底和危险点告知，并确认每个工作班成员都已签名。 （4）组织执行工作票所列由其负责的安全措施。 3.3.12.4　专责监护人职责 （1）明确被监护人员和监护范围。 （2）工作前，对被监护人员交代监护范围内的安全措施、告知危险点和安全注意事项。 （3）监督被监护人员遵守本规程和执行现场安全措施，及时纠正被监护人员的不安全行为。 3.5.4　专责监护人不得兼做其他工作。专责监护人临时离开时，应通知被监护人员停止工作或离开工作现场，待专责监护人回来后方可恢复工作。专责监护人需长时间离开工作现场时，应由工作负责人变更专责监护人，履行变更手续，并告知全体被监护人员。

序号	安全风险	风险等级	预控措施	易发生的问题	规程规范要求
1	管理不到位	二级	（18）低压配电线路和设备检修，应断开所有可能来电的电源（包括解开电源侧和用户侧连接线），对工作中有可能触碰的相邻带电线路、设备应采取停电或绝缘遮蔽措施。 （19）验电工作要使用相应电压等级并经试验合格的接触式验电器。 （20）高压验电前，验电器应先在有电设备上试验，确证验电器良好；无法在有电设备上试验时，可用工频高压发生器等确证验电器良好。低压验电前应先在低压有电部位上试验，以验证验电器或测电笔良好	（33）装设接地线前不验电。 （34）减少施工现场接地线的使用，许可接地代替工作接地。 （35）不在工作地段两端装设接地线，当杆装设	4.2.1 工作地点，应停电的线路和设备。 4.2.1.5 有可能从低压侧向高压侧反送电的设备。 4.2.1.6 工作地段内有可能反送电的各分支线（包括用户，下同）。 4.2.1.7 其他需要停电的线路或设备。 4.2.4 现场为防止感应电或完善安全措施需加装接地线时，应明确装、拆人员，每次装、拆后应立即向工作负责人或小组负责人汇报，并在工作票中注明接地线的编号，装、拆的时间和位置。 4.3.2 高压验电前，验电器应先在有电设备上试验，确证验电器良好；无法在有电设备上试验时，可用工频高压发生器等确证验电器良好。低压验电前应先在低压有电部位上试验，以验证验电器或测电笔良好。 4.3.3 高压验电时，人体与被验电的线路、设备的带电部位应保持表3－1规定的安全距离。使用伸缩式验电器，绝缘棒应拉到位，验电时手应握在手柄处，不得超过护环，宜戴绝缘手套。 4.4.4 装设、拆除接地线应有人监护。 4.4.5 在配电线路和设备上，接地线的装设部位应是与检修线路和设备电相连去除油漆或绝缘层的导电部分。绝缘导线的接地线应装设在验电接地环上。 4.4.7 作业人员应在接地线的保护范围内作业。禁止在无接地线或接地线装设不齐全的情况下进行高压检修作业。

序号	安全风险	风险等级	预控措施	易发生的问题	规程规范要求
1	管理不到位	二级			4.4.8　装设、拆除接地线均应使用绝缘棒并戴绝缘手套，人体不得碰触接地线或未接地的导线。 4.5.7　高低压配电室、开闭所部分停电检修或新设备安装，应在工作地点两旁及对面运行设备间隔的遮栏（围栏）上和禁止通行的过道遮栏（围栏）上悬挂‘止步，高压危险!’标示牌。 4.5.8　配电站户外高压设备部分停电检修或新设备安装，应在工作地点四周装设围栏，其出入口要围至邻近道路旁边，并设有‘从此进出!’标示牌。工作地点四周围栏上悬挂适当数量的‘止步，高压危险!’标示牌，标示牌应朝向围栏里面。 4.5.12　城区、人口密集区或交通道口和通行道路上施工时，工作场所周围应装设遮栏（围栏），并在相应部位装设警告标示牌。必要时，派人看管。 5.2.6.1　倒闸操作前，应核对线路名称、设备双重名称和状态。 5.2.6.6　停电拉闸操作应按照断路器（开关）—负荷侧隔离开关（刀闸）—电源侧隔离开关（刀闸）的顺序依次进行，送电合闸操作应按与上述相反的顺序进行。禁止带负荷拉合隔离开关（刀闸）。”

（5）定点基础开挖。本环节作业安全风险及预控措施见表 2－5。

表 2－5　　　　定点基础开挖作业安全风险及预控措施

<table>
<tr><th>序号</th><th>安全风险</th><th>风险等级</th><th>预控措施</th><th>易发生的问题</th><th>规程规范要求</th></tr>
<tr><td>1</td><td>爆炸</td><td>一级</td><td>开挖前，应与有关地下管道、电缆等设施的主管单位取得联系，明确地下设施的确切位置，做好防护措施，并设监护人</td><td>（1）开挖前，未与有关主管部门取得联系，在未明确地下设施确切位置的情况下就进行开挖。
（2）碰触或损坏下水道、煤气管线等其他管线，引发事故</td><td rowspan="4">《国家电网公司电力安全工作规程（配电部分）（试行）》：
“6.1　坑洞开挖
6.1.1　挖坑前，应与有关地下管道、电缆等设施的主管单位取得联系，明确地下设施的确切位置，做好防护措施。
6.1.2　挖坑时，应及时清除坑口附近的浮土、石块，路面铺设材料和泥土应分别堆置，在堆置物堆起的斜坡上不得放置工具、材料等器物。
6.1.3　在超过 1.5m 深的基坑内作业时，向坑外抛掷土石应防止土石回落坑内，并做好防止土层塌方的临边防护措施。
6.1.4　在土质松软处挖坑，应有防止塌方措施，如加挡板、撑木等；不得站在挡板、撑木上传递土石或放置传土工具；禁止由下部掏挖土层。
6.1.5　在下水道、煤气管线、潮湿地、垃圾堆或有腐质物等附近挖坑时，应设监护人。在挖深超过 2m 的坑内工作时，应采取安全措施，如戴防毒面具、向坑中送风和持续检测等。监护人应密切注意挖坑人员，防止煤气、硫化氢等有毒气体中毒及沼气等可燃气体爆炸。
6.1.6　在居民区及交通道路附近开挖的基坑，应设坑盖或可靠遮栏，加挂警告标示牌，夜间挂红灯。
6.1.8　杆塔基础附近开挖时，应随时检查杆塔稳定性。若开挖影响杆塔的稳定性时，应在开挖的反方向加装临时拉线，开挖基坑未回填时禁止拆除临时拉线。”</td></tr>
<tr><td>2</td><td>中毒</td><td>一级</td><td>坑内人员应戴防毒面具，并向坑内送风和持续检测等，监护人应密切注意挖坑人员</td><td>（1）基坑超过 2.0m，坑内人员未戴防毒面具。
（2）基坑超过 2.0m，未向坑内送风或持续检测。
（3）基坑超过 2.0m，未设监护人或监护人离开</td></tr>
<tr><td>3</td><td>高空坠物</td><td>一级</td><td>（1）设坑盖或可靠遮栏，加挂警告标示牌，夜间挂红灯。
（2）向坑外抛掷土石应防止土石回落坑内，并加装挡板、撑木等</td><td>（1）在居民区或交通道路附近施工时，未设坑盖或可靠围栏。
（2）在居民区或交通道路附近施工时，未加挂警告标示牌，夜间未挂红灯、灯不亮或挂其他颜色灯。
（3）基坑超过 1.5m，发生土层塌方伤人。未采取防范措施，向坑外抛掷土石，未加装挡板、撑木等</td></tr>
<tr><td>4</td><td>杆塔倾倒</td><td>一级</td><td>随时检查杆塔稳定性。若开挖影响杆塔的稳定性时，应在开挖的反方向加装临时拉线。开挖基坑未回填时禁止拆除临时拉线</td><td>（1）没有随时检查杆塔稳定性。
（2）没有加装临时拉线。
（3）开挖基坑回填时就拆除临时拉线</td></tr>
</table>

（6）“三石”（卡盘石、底盘石、拉盘石）安装。本环节作业安全风险及预控措施见表 2－6。

表 2－6　　　　“三石”安装作业安全风险及预控措施

<table>
<tr><th>序号</th><th>安全风险</th><th>风险等级</th><th>预控措施</th><th>易出现的问题</th><th>规程规范要求</th></tr>
<tr><td>1</td><td>机械伤害</td><td>一级</td><td>（1）起吊工作时，设置专人统一指挥，统一信号，明确分工，并讲明施工方法，明确各岗位职责。
（2）吊车支腿固定牢固，起吊时支腿脚严禁浮起。
（3）起重机停放或行驶时，其车轮、支腿或履带的前端或外侧与沟、坑边缘的距离小于沟、坑深度的 1.2 倍的，采取防倾、防坍塌措施。
（4）禁止与工作无关人员在起重工作区域内行走或停留。
（5）作业时，禁止吊物上站人，禁止作业人员利用吊钩来上升或下降。
（6）汽车式起重机行驶时，上车操作室不得坐人。
（7）在起吊、牵引过程中，受力钢丝绳的周围、上下方、转向滑车内角侧、吊臂和起吊物的下面，禁止有人逗留和通过</td><td>（1）没有设专人指挥，未统一信号。
（2）分工不明确、岗位职责不明确就进行安装。
（3）作业人员对施工方法不清楚就进行安装。
（4）吊车支腿固定不牢固。
（5）车轮、支腿或履带的前端或外侧与沟、坑边缘的距离小于沟、坑深度的 1.2 倍。
（6）与工作无关人员在起重工作区域内行走或停留。
（7）作业人员利用吊钩来上升或下降。
（8）起重机行驶时，上车操作室有人。
（9）受力钢丝绳的周围、上下方、转向滑车内角侧、吊臂和起吊物下面有人逗留和通过</td><td rowspan="2">《国家电网公司电力安全工作规程（配电部分）（试行）》：
“16.2　起重
16.2.1　起吊重物前，应由起重工作负责人检查悬吊情况及所吊物件的捆绑情况，确认可靠后方可试行起吊。起吊重物稍离地面（或支持物），应再次检查各受力部位，确认无异常情况后方可继续起吊。
16.2.2　起吊物件应绑扎牢固，若物件有棱角或特别光滑的部位时，在棱角和滑面与绳索（吊带）接触处应加以包垫。起重吊钩应挂在物件的重心线上。起吊电杆等长物件应选择合理的吊点，并采取防止突然倾倒的措施。
16.2.3　在起吊、牵引过程中，受力钢丝绳的周围、上下方、转向滑车内角侧、吊臂和起吊物的下面，禁止有人逗留和通过。
16.2.4　汽车式起重机行驶时，上车操作室不得坐人。
16.2.5　起重机停放或行驶时，其车轮、支腿或履带的前端或外侧与沟、坑边缘的距离不得小于沟、坑深度的 1.2 倍；否则应采取防倾、防坍塌措施。
16.2.6　作业时，起重机应置于平坦、坚实的地面上。不得在暗沟、地下管线等上面作业；无法避免时，应采取防护措施。</td></tr>
<tr><td>2</td><td>高空坠物</td><td>一级</td><td>（1）使用合格的起重工器具，严禁超载使用。钢丝绳套严禁以小代大使用。
（2）吊放前先对钢丝绳套进行外观检查，无断股、烧伤、挤压等明显缺陷，其强度满足起重设备荷重要求（安全系数 5～6 倍）。
（3）吊放前须对各受力点进行检查。
（4）起吊物件绑扎牢固，若物件有棱角或特别光滑的部位时，在棱角和滑面与绳索（吊带）接触处加以包垫。
（5）起吊物件时，吊钩须有防脱装置</td><td>（1）起重工器具不合格。
（2）钢丝绳套以小代大。
（3）未进行钢丝绳套外观检查。
（4）钢丝绳套强度不能满足设备荷重要求。
（5）吊放前没有进行受力点检查。
（6）物件绑扎不牢固。
（7）物件棱角或特别光滑的部位没有加以包垫。
（8）起吊的物件脱落或钢丝绳开断造成高空坠物。
（9）起吊物件时，吊钩未启用防脱装置，造成物件坠落</td></tr>
</table>

续表 2-6

<table>
<tr><th>序号</th><th>安全风险</th><th>风险等级</th><th>预控措施</th><th>易出现的问题</th><th>规程规范要求</th></tr>
<tr><td>3</td><td>交通事故</td><td>一级</td><td>在居民区和交通道路附近作业，须具备相应的交通组织措施，并设围栏和警告标志，注意来往车辆，必要时派专人看守</td><td>（1）没有设围栏和警告标志。
（2）没有派专人看守。
（3）周围车辆误入作业区域，造成交通事故</td><td rowspan="2">16.2.7 作业时，起重机臂架、吊具、辅具、钢丝绳及吊物等与架空输电线路及其他带电体的距离不得小于表 6–1 的规定，且应设专人监护。小于表 6–1、大于表 3–1 安全距离时，应制订防止误碰带电设备的安全措施，并经本单位批准。小于表 3–1 安全距离时，应停电进行。
16.2.8 起重设备长期或频繁地靠近架空线路或其他带电体作业时，应采取隔离防护措施。
16.2.9 在带电设备区域内使用起重机等起重设备时，应安装接地线并可靠接地，接地线应用多股软铜线，其截面积不得小于 16mm²。
16.2.11 禁止与工作无关人员在起重工作区域内行走或停留。
16.2.12 作业时，禁止吊物上站人，禁止作业人员利用吊钩来上升或下降。
16.2.13 起重机上应备有灭火装置，驾驶室内应铺橡胶绝缘垫，禁止存放易燃物品。
16.3 运输
16.3.1 搬运的过道应平坦畅通，夜间搬运，应有足够的照明。若需经过山地陡坡或凹凸不平之处，应预先制订运输方案，采取必要的安全措施。
16.3.2 装运电杆、变压器和线盘应绑扎牢固，并用绳索绞紧。水泥杆、线盘的周围应塞牢，防止滚动、移动伤人。运载超长、超高或重大物件时，物件重心应与车厢承重中心基本一致，超长物件尾部应设标志。禁止客货混装。</td></tr>
<tr><td>4</td><td>误碰带电部位</td><td>二级</td><td>（1）作业时，起重机臂架、吊具、辅具、钢丝绳及吊物等与架空输电线路及其他带电体的距离不得小于《国家电网公司电力安全工程规程（配电部分）（试行）》中表 6–1 的规定，且设专人监护；小于表 6–1、大于表 3–1 安全距离时，须制订防止误碰带电设备的安全措施，并经本单位批准；小于表 3–1 安全距离时，须停电进行。
（2）起重设备长期或频繁地靠近架空线路或其他带电体作业时，采取隔离防护措施。
（3）起重机上须备有灭火装置，驾驶室内铺橡胶绝缘垫，禁止存放易燃物品。</td><td>（1）起重机臂架、吊具、辅具、钢丝绳及吊物等与架空输电线路及其他带电体不能保证足够的安全距离。
（2）没有设专人监护。
（3）小于安全距离时，没有停电。
（4）没有制订防止误碰带电设备的安全措施，没有经本单位批准。
（5）没有采取隔离防护措施。
（6）没有配备灭火器材。
（7）驾驶室没有铺橡胶绝缘垫。
（8）起重机上放置易燃物品。
（9）没有安装接地线。</td></tr>
</table>

续表 2－6

序号	安全风险	风险等级	预控措施	易出现的问题	规程规范要求
4	误碰带电部位	二级	（4）在带电设备区域内使用起重机等起重设备时，安装接地线并可靠接地。接地线应用多股软铜线，其截面积不得小于 $16mm^2$	（10）接地线没有可靠接地。 （11）接地线没有用多股软铜线，截面积小于 $16mm^2$	16.3.3 装卸电杆等物件应采取措施，防止散堆伤人。分散卸车时，每卸一根之前，应防止其余杆件滚动；每卸完一处，应将车上其余的杆件绑扎牢固后，方可继续运送。 16.3.4 使用机械牵引杆件上山时，应将杆身绑牢，钢丝绳不得触磨岩石或坚硬地面，牵引路线两侧 5m 以内，不得有人逗留或通过。 16.3.5 多人抬杠，应同肩，步调一致，起放电杆时应相互呼应协调。重大物件不得直接用肩扛运，雨、雪后抬运物件时应有防滑措施。 16.3.6 用管子滚动搬运应由专人负责指挥。管子承受重物后两端应各露出约 30cm，以便调节转向。手动调节管子时，应注意防止压伤手指。上坡、下坡，均应对重物采取防止下滑的措施。”

（7）组立杆塔。本环节作业安全风险及预控措施见表 2－7。

表 2－7　　组立杆塔作业安全风险及预控措施

序号	安全风险	风险等级	预控措施	易发生的问题	规程规范要求
1	高空坠物	二级	（1）立杆前，应开好“马道”；作业人员应均匀分布在电杆两侧。 （2）使用吊车立、撤杆塔，钢丝绳套应挂在电杆的适当位置以防止电杆突然倾倒。 （3）整体立、撤杆塔前，应全面检查各受力、联结部位情况，全部满足要求方可起吊。 （4）已经立起的杆塔，回填夯实后方可撤去拉绳及叉杆。	（1）立杆前，“马道”未布置好或布置不标准。 （2）作业人员没有均匀分布在电杆两侧或在电杆下方。 （3）钢丝绳套没有挂在电杆适当位置。 （4）起吊杆塔时，没有检查各受力、联结部位的情况。 （5）立起杆塔后，未进行回填或夯实不牢固就撤去拉绳及叉杆。	（1）《国家电网公司电力安全工作规程（配电部分）（试行）》： “6.3 杆塔施工 6.3.1 立、撤杆应设专人统一指挥。开工前，应交代施工方法、指挥信号和安全措施。 6.3.2 居民区和交通道路附近立、撤杆，应设警戒范围或警告标志，并派人看守。

续表 2－7

序号	安全风险	风险等级	预控措施	易发生的问题	规程规范要求
1	高空坠物	二级	（5）立、撤杆应设专人统一指挥。开工前，应交代施工方法、指挥信号和安全措施。 （6）立、撤杆塔时，禁止基坑内有人。除指挥人及指定人员外，其他人员应在杆塔高度的 1.2 倍距离以外。 （7）立杆及修整杆坑，应采用拉绳、叉杆等控制杆身倾斜、滚动	（6）立、撤杆时没有设专人统一指挥。 （7）开工前，未交代施工方法、指挥信号和安全措施。 （8）立、撤杆时，基坑内有人通过或逗留。 （9）立、撤杆时，指挥人员及指定人员以外的其他人员在杆塔高度 1.2 倍距离以内通过或逗留。 （10）立杆时，未采用拉绳、叉杆等控制杆身倾斜、滚动	6.3.3　立、撤杆塔时，禁止基坑内有人。除指挥人及指定人员外，其他人员应在杆塔高度的 1.2 倍距离以外。 6.3.4　顶杆及叉杆只能用于竖立 8m 以下的拔梢杆，不得用铁锹、木桩等代用；立杆前，应开好‘马道’；作业人员应均匀分布在电杆两侧。 6.3.5　立杆及修整杆坑，应采用拉绳、叉杆等控制杆身倾斜、滚动。 6.3.6　使用临时拉线的安全要求： （1）不得利用树木或外露岩石作受力桩。 （2）一个锚桩上的临时拉线不得超过两根。 （3）临时拉线不得固定在有可能移动或其他不可靠的物体上。 （4）临时拉线绑扎工作应由有经验的人员担任。 （5）临时拉线应在永久拉线全部安装完毕承力后方可拆除。 （6）杆塔施工过程需要采用临时拉线过夜时，应对临时拉线采取加固和防盗措施。 6.3.8　使用吊车立、撤杆塔，钢丝绳套应挂在电杆的适当位置以防止电杆突然倾倒。撤杆时，应先检查有无卡盘或障碍物并试拔。 6.3.11　整体立、撤杆塔前，应全面检查各受力、联结部位情况，全部满足要求方可起吊。 6.3.12　在带电线路、设备附近立、撤杆塔，杆塔、拉线、临时拉线、起重设备、起重绳索应与带电线路、设备保持表 6－1 所规定的安全距离，且应有防止立、撤杆过程中拉线跳动和杆塔倾斜接近带电导线的措施。
2	杆塔倾倒	二级	（1）不得利用树木或外露岩石作受力桩。 （2）一个锚桩上的临时拉线不得超过两根。 （3）临时拉线不得固定在有可能移动或其他不可靠的物体上。 （4）临时拉线绑扎工作应由有经验的人员担任。 （5）临时拉线应在永久拉线全部安装完毕承力后方可拆除。 （6）杆塔施工过程需要采用临时拉线过夜时，应对临时拉线采取加固和防盗措施。 （7）居民区和交通道路附近立、撤杆，应设警戒范围或警告标志，并派人看守。 （8）杆塔组立时，吊车应装设接地线。严禁吊臂误碰带电部位。	（1）用树木或外露岩石作受力桩。 （2）一个锚桩上的临时拉线超过两根。 （3）临时拉线固定在有可能移动或其他不可靠的物体上。 （4）临时拉线绑扎工作随意找人担任。 （5）永久拉线还没有安装完毕就拆除临时拉线。 （6）采用临时拉线过夜时，没有对临时拉线采取加固和防盗措施。 （7）在居民区和交通道路附近立、撤杆，没有设警戒范围或警告标志。 （8）在居民区和交通道路附近立、撤杆，作业地点周围没有派人看守。 （9）吊车没有装设接地线。 （10）吊车操作时未观察周围情况，吊臂误碰带电部位。	

续表 2-7

序号	安全风险	风险等级	预控措施	易发生的问题	规程规范要求
2	杆塔倾倒	二级	（9）在带电线路、设备附近立、撤杆塔，杆塔、拉线、临时拉线、起重设备、起重绳索应与带电线路、设备保持《国家电网公司电力安全工作规程（配电部分）（试行）》表6-1所规定的安全距离，且应有防止立、撤杆过程中拉线跳动和杆塔倾斜接近带电导线的措施	（11）杆塔、拉线、临时拉线、起重设备、起重绳索没有与带电线路、设备保持安全距离。 （12）没有做防止拉线跳动和杆塔倾斜接近带电导线的安全措施	6.3.13 已经立起的杆塔，回填夯实后方可撤去拉绳及叉杆。” （2）《国家电网公司电力安全工作规程（电网建设部分）（试行）》： “9.2 钢筋混凝土电杆排杆 9.2.1 滚动杆段时滚动前方不应有人。杆段顺向移动时，应随时将支垫处用木楔掩牢。 9.2.2 用棍、杠撬拨杆段时，应防止其滑脱伤人。不得用铁撬棍插入预埋孔转动杆段。 9.2.3 排杆处地形不平或土质松软，应先平整或支垫坚实，必要时杆段应用绳索锚固。 9.2.4 杆段应支垫两点，支垫处两侧应用木楔掩牢。 9.2.5 作业点周围5m内的易燃易爆物应清除干净。 9.2.6 对两端封闭的钢筋混凝土电杆，应先在其一端凿排气孔，然后施焊，焊接结束应及时采取防腐措施。”
3	杆塔断裂	二级	杆塔组立时，用吊车立杆，设专人指挥，正确使用吊车，防止杆塔损坏和人身伤害	未设专人指挥，造成人身伤害和杆塔损伤	
4	触电	二级	（1）在带电线路、设备附近立、撤杆塔，杆塔、拉线、临时拉线、起重设备、起重绳索须与带电线路、设备保持《国家电网公司电力安全工作规程（配电部分）（试行）》表6-1所规定的安全距离，且设有防止立、撤杆过程中拉线跳动和杆塔倾斜接近带电导线的措施。 （2）杆塔组立时，吊车应装设接地线。严禁吊臂误碰带电部位。 （3）排杆、焊接使用发电机等焊接设备时采取防触电措施，焊接人员应采取防护措施	（1）杆塔、拉线、临时拉线、起重设备、起重绳索没有与带电线路、设备保持安全距离。 （2）没有做防止拉线跳动和杆塔倾斜接近带电导线的安全措施。 （3）吊车没有装设接地线。 （4）吊臂误碰带电部位。 （5）没有采取防触电措施。 （6）焊接人员没有采取防护措施	

（8）拉线制作安装。本环节作业安全风险及预控措施见表2-8。

表2-8　　拉线制作安装作业安全风险及预控措施

序号	安全风险	风险等级	预控措施	易出现的问题	规程规范要求
1	物体打击	一级	制作拉线时，人员配合应协调一致，防止钢绞线反弹造成人身伤害	钢绞线反弹，造成人身伤害	《国家电网公司电力安全工作规程（配电部分）（试行）》： “6.2 杆塔上作业

续表 2–8

序号	安全风险	风险等级	预控措施	易出现的问题	规程规范要求
2	高处坠落	二级	（1）作业人员攀登杆塔、杆塔上移位及杆塔上作业时，手扶的构件应牢固，不得失去安全保护，并有防止安全带从杆顶脱出或被锋利物损坏的措施。 （2）在杆塔上作业时，使用有后备保护绳或速差自锁器的双控背带式安全带，安全带和保护绳须分挂在杆塔不同部位的牢固构件上。 （3）上横担前，检查横担腐蚀情况、联结是否牢固，检查时安全带（绳）系在主杆或牢固的构件上。 （4）在人员密集或有人员通过的地段进行杆塔上作业时，作业点下方按坠落半径设围栏或其他保护措施。 （5）杆塔上下无法避免垂直交叉作业时，做好防落物伤人的措施，作业时要相互照应，密切配合。 （6）杆塔上作业时不得从事与工作无关的活动	（1）手扶的构件不牢固，失去安全保护。 （2）没有防止安全带从杆顶脱出或被锋利物损坏的措施。 （3）没有使用有后备保护绳或速差自锁器的双控背带式安全带。 （4）安全带和保护绳挂在同一部位的构件上，没有检查横担腐蚀情况、联结是否牢固。 （5）作业点下方没有设围栏或其他保护措施。 （6）没有做好防落物伤人的措施。 （7）作业人员从事与工作无关的活动	6.2.1 登杆塔前，应做好以下工作： （1）核对线路名称和杆号。 （2）检查杆根、基础和拉线是否牢固。 （3）检查杆塔上是否有影响攀登的附属物。 （4）遇有冲刷、起土、上拔或导地线、拉线松动的杆塔，应先培土加固、打好临时拉线或支好架杆。 （5）检查登高工具、设施（如脚扣、升降板、安全带、梯子和脚钉、爬梯、防坠装置等）是否完整牢靠。 （6）攀登有覆冰、积雪、积霜、雨水的杆塔时，应采取防滑措施。 （7）攀登过程中应检查横向裂纹和金具锈蚀情况。 6.2.3 杆塔上作业应注意以下安全事项： （1）作业人员攀登杆塔、杆塔上移位及杆塔上作业时，手扶的构件应牢固，不得失去安全保护，并有防止安全带从杆顶脱出或被锋利物损坏的措施。 （2）在杆塔上作业时，宜使用有后备保护绳或速差自锁器的双控背带式安全带，安全带和保护绳应分挂在杆塔不同部位的牢固构件上。 （3）上横担前，应检查横担腐蚀情况、联结是否牢固，检查时安全带（绳）应系在主杆或牢固的构件上。 （4）在人员密集或有人员通过的地段进行杆塔上作业时，作业点下方应按坠落半径设围栏或其他保护措施。 （5）杆塔上下无法避免垂直交叉作业时，应做好防落物伤人的措施，作业时要相互照应，密切配合。 （6）杆塔上作业时不得从事与工作无关的活动。”
3	高空坠物	二级	传递工具、拉线抱箍及拉线时须拴牢，防止坠物伤人	工具或金具发生掉落，落物伤人	

（9）铁附件安装。本环节作业安全风险及预控措施见表 2－9。

表 2－9　　　　　　　　　　　　铁附件安装作业安全风险及预控措施

序号	安全风险	风险等级	预控措施	易发生的问题	规程规范要求
1	高处坠落	二级	（1）正确使用安全带（绳），防止高处坠落。 （2）攀登杆塔、杆塔上移位及杆塔上作业时，手扶的构件应牢固，不得失去安全保护，并有防止安全带从杆顶脱出或被锋利物损坏的措施。 （3）在杆塔上作业时，须使用有后备保护绳或速差自锁器的双控背带式安全带，安全带和保护绳应分挂在杆塔不同部位的牢固构件上。 （4）相邻杆塔不得同时在同相（极）位安装附件，作业点垂直下方不得有人。 （5）附件安装时，安全绳或速差自控器应拴在横担主材上。安装间隔棒时，安全带应挂在一根子导线上，后备保护绳应拴在整相导线上。 （6）上横担前，应检查横担腐蚀情况、联结是否牢固，检查时安全带（绳）应系在主杆或牢固的构件上	（1）作业人员未系安全带，发生高处坠落。 （2）手扶的构件不牢固，失去安全保护，发生高处坠落。 （3）没有防止安全带从杆顶脱出或被锋利物损坏的措施，发生高处坠落。 （4）没有使用有后备保护绳或速差自锁器的双控背带式安全带。 （5）安全带和保护绳挂在同一部位的构件上。 （6）在同相（极）位安装附件。 （7）安全带没有挂在一根子导线上，后备保护绳没有拴在整相导线上。 （8）没有检查横担腐蚀情况、联结是否牢固	（1）《国家电网公司电力安全工作规程（配电部分）（试行）》： “6.2　杆塔上作业 6.2.1　登杆塔前，应做好以下工作： （1）核对线路名称和杆号。 （2）检查杆根、基础和拉线是否牢固。 （3）检查杆塔上是否有影响攀登的附属物。 （4）遇有冲刷、起土、上拔或导地线、拉线松动的杆塔，应先培土加固、打好临时拉线或支好架杆。 （5）检查登高工具、设施（如脚扣、升降板、安全带、梯子和脚钉、爬梯、防坠装置等）是否完整牢靠。 （6）攀登有覆冰、积雪、积霜、雨水的杆塔时，应采取防滑措施。 （7）攀登过程中应检查横向裂纹和金具锈蚀情况。 6.2.2　杆塔作业应禁止以下行为： （1）攀登杆基未完全牢固或未做好临时拉线的新立杆塔。 （2）携带器材登杆或在杆塔上移位。 （3）利用绳索、拉线上下杆塔或顺杆下滑。 6.2.3　杆塔上作业应注意以下安全事项： （1）作业人员攀登杆塔、杆塔上移位及杆塔上作业时，手扶的构件应牢固，不得失去安全保护，并有防止安全带从杆顶脱出或被锋利物损坏的措施。
2	高空坠物	二级	（1）在人员密集或有人员通过的地段进行杆塔上作业时，作业点下方应按坠落半径设围栏或其他保护措施。 （2）杆塔上下无法避免垂直交叉作业时，应做好防落物伤人的措施，作业时要相互照应，密切配合。 （3）杆塔上作业时不得从事与工作无关的活动。	（1）作业点下方没有设围栏或其他保护措施。 （2）杆塔上作业，没有做好防落物伤人的措施。 （3）杆塔上作业人员从事与工作无关的活动。	

续表 2–9

序号	安全风险	风险等级	预控措施	易发生的问题	规程规范要求
2	高空坠物	二级	（4）工具或材料应放在工具袋内或用绳索绑扎，上下传递物品应使用绳索，严禁抛掷，防止高处坠物伤人。 （5）杆上作业，工器具、横担应放置牢固、严禁上下抛掷，严禁有人在作业点下方行走或站立	（4）工具放置不牢固，落物伤人。 （5）作业点下方有人行走或站立	（2）在杆塔上作业时，宜使用有后备保护绳或速差自锁器的双控背带式安全带，安全带和保护绳应分挂在杆塔不同部位的牢固构件上。 （3）上横担前，应检查横担腐蚀情况、联结是否牢固，检查时安全带（绳）应系在主杆或牢固的构件上。 （4）在人员密集或有人员通过的地段进行杆塔上作业时，作业点下方应按坠落半径设围栏或其他保护措施。 （5）杆塔上下无法避免垂直交叉作业时，应做好防落物伤人的措施，作业时要相互照应，密切配合。 （6）杆塔上作业时不得从事与工作无关的活动。 6.2.4　在杆塔上使用梯子或临时工作平台，应将两端与固定物可靠连接，一般应由一人在其上作业。
3	触电	二级	附件安装前，作业人员应对专用工具和安全用具进行外观检查，不符合要求者不得使用	没有对专用工具和安全用具进行外观检查，造成外壳或导线漏电，导致人身触电	6.2.5　雷电时，禁止线路杆塔上作业。” （2）《国家电网公司电力安全工作规程（电网建设部分）（试行）》： “10.7　附件安装 10.7.1　附件安装前，作业人员应对专用工具和安全用具进行外观检查，不符合要求者不得使用。 10.7.2　相邻杆塔不得同时在同相（极）位安装附件，作业点垂直下方不得有人。 10.7.4　附件安装时，安全绳或速差自控器应拴在横担主材上。安装间隔棒时，安全带应挂在一根子导线上，后备保护绳应拴在整相导线上。 10.7.5　在跨越电力线、铁路、公路或通航河流等的线段杆塔上安装附件时，应采取防止导线或地线坠落的措施。”

（10）设备安装。本环节作业安全风险及预控措施见表 2－10。

表 2－10　　　　**设备安装作业安全风险及预控措施**

<table>
<tr><th>序号</th><th>安全风险</th><th>风险等级</th><th>预控措施</th><th>易出现的问题</th><th>规程规范要求</th></tr>
<tr><td>1</td><td>触电</td><td>三级</td><td>（1）工作至少由两人进行，一人操作、一人监护。
（2）联调工作开始前，由工作负责人确认调试设备通电范围内确无工作人员，调试范围设安全围栏。
（3）试验电源和试验设备可靠接地。检查剩余电流动作保护器是否正确动作。
（4）调试需要拉开接地开关时须征得工作负责人同意。
（5）通电过程中，严禁 TV 二次短路、TA 二次开路；工作时须有防倒送电的措施</td><td>（1）没有设监护人。
（2）没有设安全围栏。
（3）试验电源和试验设备没有可靠接地。
（4）需要拉开接地开关时，自行拉开，没有征得工作负责人同意。
（5）没有防倒送电的措施</td><td rowspan="2">《国家电网公司电力安全工作规程（配电部分）（试行）》：
“6.2　杆塔上作业
6.2.1　登杆塔前，应做好以下工作：
（1）核对线路名称和杆号。
（2）检查杆根、基础和拉线是否牢固。
（3）检查杆塔上是否有影响攀登的附属物。
（4）遇有冲刷、起土、上拔或导地线、拉线松动的杆塔，应先培土加固、打好临时拉线或支好架杆。
（5）检查登高工具、设施（如脚扣、升降板、安全带、梯子和脚钉、爬梯、防坠装置等）是否完整牢靠。
（6）攀登有覆冰、积雪、积霜、雨水的杆塔时，应采取防滑措施。
（7）攀登过程中应检查横向裂纹和金具锈蚀情况。
6.2.2　杆塔作业应禁止以下行为：
（1）攀登杆基未完全牢固或未做好临时拉线的新立杆塔。
（2）携带器材登杆或在杆塔上移位。
（3）利用绳索、拉线上下杆塔或顺杆下滑。
6.2.3　杆塔上作业应注意以下安全事项：
（1）作业人员攀登杆塔、杆塔上移位及杆塔上作业时，手扶的构件应牢固，不得失去安全保护，并有防止安全带从杆顶脱出或被锋利物损坏的措施。</td></tr>
<tr><td>2</td><td>高处坠落</td><td>二级</td><td>（1）作业人员攀登杆塔、杆塔上移位及杆塔上作业时，手扶的构件须牢固，不得失去安全保护，并有防止安全带从杆顶脱出或被锋利物损坏的措施。
（2）在杆塔上作业时，须使用有后备保护绳或速差自锁器的双控背带式安全带，安全带和保护绳分挂在杆塔不同部位的牢固构件上。
（3）上横担前，检查横担腐蚀情况、联结是否牢固，检查时安全带（绳）系在主杆或牢固的构件上。
（4）在人员密集或有人员通过的地段进行杆塔上作业时，作业点下方须按坠落半径设围栏或其他保护措施。</td><td>（1）手扶的构件不牢固，失去安全保护。
（2）没有防止安全带从杆顶脱出或被锋利物损坏的措施。
（3）没有使用有后备保护绳或速差自锁器的双控背带式安全带。
（4）安全带和保护绳挂在同一部位的构件上。
（5）没有检查横担腐蚀情况、联结是否牢固。
（6）作业点下方没有设围栏或其他保护措施。</td></tr>
</table>

续表 2－10

序号	安全风险	风险等级	预控措施	易出现的问题	规程规范要求
2	高处坠落	二级	（5）杆塔上下无法避免垂直交叉作业时，做好防落物伤人的措施，作业时要相互照应，密切配合。 （6）杆塔上作业时不得从事与工作无关的活动	（7）没有做好防落物伤人的措施。 （8）作业人员从事与工作无关的活动	（2）在杆塔上作业时，宜使用有后备保护绳或速差自锁器的双控背带式安全带，安全带和保护绳应分挂在杆塔不同部位的牢固构件上。 （3）上横担前，应检查横担腐蚀情况、联结是否牢固，检查时安全带（绳）应系在主杆或牢固的构件上。 （4）在人员密集或有人员通过的地段进行杆塔上作业时，作业点下方应按坠落半径设围栏或其他保护措施。 （5）杆塔上下无法避免垂直交叉作业时，应做好防落物伤人的措施，作业时要相互照应，密切配合。 （6）杆塔上作业时不得从事与工作无关的活动。 6.2.4　在杆塔上使用梯子或临时工作平台，应将两端与固定物可靠连接，一般应由一人在其上作业。 6.2.5　雷电时，禁止线路杆塔上作业。”
3	高空坠物	二级	（1）高空作业工具须放置牢固，禁止上下抛掷，防止落物伤人。 （2）杆上作业，工器具、横担须放置牢固、严禁上下抛掷，严禁有人在作业点下方行走或站立。 （3）变压器、JP 柜在横梁上安装固定必须牢固。 （4）螺杆应与构件面垂直，螺钉平面与构件不应有空隙。 （5）螺栓紧好后，螺钉丝扣露出的长度，单螺母不应小于 2 个螺距，双螺母可与螺母平齐。 （6）必须加垫圈者，每端垫圈不应超过 2 个。 （7）吊装前对吊臂、钢丝绳进行外观检查	（1）工具放置不牢固。 （2）作业点下方有人行走或站立，发生落物伤人。 （3）变压器、JP 柜在横梁上安装固定不牢，坠落造成人身伤害。 （4）钢丝绳松股、断股，造成设备掉落，导致人员伤害	
4	机械伤害	二级	（1）起吊物件须绑扎牢固，若物件有棱角或特别光滑的部位时，在棱角和滑面与绳索（吊带）接触处应加以包垫。 （2）汽车式起重机行驶时，上车操作室不得坐人。 （3）在起吊、牵引过程中，受力钢丝绳的周围、上下方、转向滑车内角侧、吊臂和起吊物的下面，禁止有人逗留和通过	（1）物件绑扎不牢固。 （2）物件棱角或特别光滑的部位没有加以包垫。 （3）起重机行驶时，上车操作室有人。 （4）受力钢丝绳的周围、上下方、转向滑车内角侧、吊臂和起吊物下面有人逗留和通过	

（11）设备调试（变压器、配电盘、验电接地环、驱鸟器等）。本环节作业安全风险及预控措施见表 2－11。

表 2－11 **设备调试作业安全风险及预控措施**

<table>
<tr><th>序号</th><th>安全风险</th><th>风险等级</th><th>预控措施</th><th>易出现的问题</th><th>规程规范要求</th></tr>
<tr><td>1</td><td>触电</td><td>三级</td><td>（1）工作至少由两人进行，一人操作、一人监护。
（2）联调工作开始前，由工作负责人确认调试设备通电范围内确无工作人员，调试范围设安全围栏。
（3）试验电源和试验设备可靠接地。检查剩余电流动作保护器是否正确动作。
（4）调试需要拉开接地开关时，须征得工作负责人同意。
（5）通电过程中，严禁 TV 二次短路、TA 二次开路；工作时须有防倒送电的措施</td><td>（1）没有设监护人。
（2）没有设安全围栏。
（3）试验电源和试验设备没有可靠接地。
（4）需要拉开接地开关时，自行拉开，没有征得工作负责人同意。
（5）没有防倒送电的措施</td><td rowspan="2">《国家电网公司电力安全工作规程（配电部分）（试行）》：
“6.2　杆塔上作业
6.2.1　登杆塔前，应做好以下工作：
（1）核对线路名称和杆号。
（2）检查杆根、基础和拉线是否牢固。
（3）检查杆塔上是否有影响攀登的附属物。
（4）遇有冲刷、起土、上拔或导地线、拉线松动的杆塔，应先培土加固、打好临时拉线或支好架杆。
（5）检查登高工具、设施（如脚扣、升降板、安全带、梯子和脚钉、爬梯、防坠装置等）是否完整牢靠。
（6）攀登有覆冰、积雪、积霜、雨水的杆塔时，应采取防滑措施。
（7）攀登过程中应检查横向裂纹和金具锈蚀情况。
6.2.2　杆塔作业应禁止以下行为：
（1）攀登杆基未完全牢固或未做好临时拉线的新立杆塔。
（2）携带器材登杆或在杆塔上移位。
（3）利用绳索、拉线上下杆塔或顺杆下滑。
6.2.3　杆塔上作业应注意以下安全事项：
（1）作业人员攀登杆塔、杆塔上移位及杆塔上作业时，手扶的构件应牢固，不得失去安全保护，并有防止安全带从杆顶脱出或被锋利物损坏的措施。</td></tr>
<tr><td>2</td><td>高处坠落</td><td>二级</td><td>（1）作业人员攀登杆塔、杆塔上移位及杆塔上作业时，手扶的构件须牢固，不得失去安全保护，并有防止安全带从杆顶脱出或被锋利物损坏的措施。
（2）在杆塔上作业时，须使用有后备保护绳或速差自锁器的双控背带式安全带，安全带和保护绳分挂在杆塔不同部位的牢固构件上。
（3）上横担前，检查横担腐蚀情况、联结是否牢固，检查时安全带（绳）系在主杆或牢固的构件上。
（4）在人员密集或有人员通过的地段进行杆塔上作业时，作业点下方须按坠落半径设围栏或其他保护措施。</td><td>（1）手扶的构件不牢固，失去安全保护。
（2）没有防止安全带从杆顶脱出或被锋利物损坏的措施。
（3）没有使用有后备保护绳或速差自锁器的双控背带式安全带。
（4）安全带和保护绳挂在同一部位的构件上。
（5）没有检查横担腐蚀情况、联结是否牢固。
（6）作业点下方没有设围栏或其他保护措施。</td></tr>
</table>

续表 2-11

序号	安全风险	风险等级	预控措施	易出现的问题	规程规范要求
2	高处坠落	二级	（5）杆塔上下无法避免垂直交叉作业时，做好防落物伤人的措施，作业时要相互照应，密切配合。 （6）杆塔上作业时不得从事与工作无关的活动	（7）没有做好防落物伤人的措施。 （8）作业人员从事与工作无关的活动	（2）在杆塔上作业时，宜使用有后备保护绳或速差自锁器的双控背带式安全带，安全带和保护绳应分挂在杆塔不同部位的牢固构件上。 （3）上横担前，应检查横担腐蚀情况、联结是否牢固，检查时安全带（绳）应系在主杆或牢固的构件上。 （4）在人员密集或有人员通过的地段进行杆塔上作业时，作业点下方应按坠落半径设围栏或其他保护措施。 （5）杆塔上下无法避免垂直交叉作业时，应做好防落物伤人的措施，作业时要相互照应，密切配合。 （6）杆塔上作业时不得从事与工作无关的活动。 6.2.4　在杆塔上使用梯子或临时工作平台，应将两端与固定物可靠连接，一般应由一人在其上作业。 6.2.5　雷电时，禁止线路杆塔上作业。”
3	高空坠物	二级	（1）高空作业工具须放置牢固、禁止上下抛掷，防止落物伤人。 （2）杆上作业，工器具、横担须放置牢固、严禁上下抛掷，严禁有人在作业点下方行走或站立	（1）工具放置不牢固。 （2）作业点下方有人行走或站立，发生落物伤人	
4	机械伤害	二级	（1）起吊物件须绑扎牢固，若物件有棱角或特别光滑的部位时，在棱角和滑面与绳索（吊带）接触处应加以包垫。 （2）汽车式起重机行驶时，上车操作室不得坐人。 （3）在起吊、牵引过程中，受力钢丝绳的周围、上下方、转向滑车内角侧、吊臂和起吊物的下面，禁止有人逗留和通过	（1）物件绑扎不牢固。 （2）物件棱角或特别光滑的部位没有加以包垫。 （3）起重机行驶时，上车操作室有人。 （4）受力钢丝绳的周围、上下方、转向滑车内角侧、吊臂和起吊物下面有人逗留和通过	

（12）绝缘子安装。本环节作业安全风险及预控措施见表 2-12。

表 2-12　　绝缘子安装作业安全风险及预控措施

序号	安全风险	风险等级	预控措施	易发生的问题	规程规范要求
1	高处坠落	二级	（1）正确使用安全带（绳），防止高处坠落。 （2）攀登杆塔、杆塔上移位及杆塔上作业时，手扶的构件应牢固，不得失去安全保护，并有防止安全带从杆顶脱出或被锋利物损坏的措施。	（1）未正确使用安全带（绳）。 （2）手扶的构件不牢固，失去安全保护，造成高处坠落。 （3）没有防止安全带从杆顶脱出或被锋利物损坏的措施。	《国家电网公司电力安全工作规程（配电部分）（试行）》： “6.2　杆塔上作业 6.2.1　登杆塔前，应做好以下工作： （1）核对线路名称和杆号。

续表 2-12

序号	安全风险	风险等级	预控措施	易发生的问题	规程规范要求
1	高处坠落	二级	（3）在杆塔上作业时，宜使用有后备保护绳或速差自锁器的双控背带式安全带，安全带和保护绳应分挂在杆塔不同部位的牢固构件上。 （4）上横担前，应检查横担腐蚀情况、联结是否牢固，检查时安全带（绳）应系在主杆或牢固的构件上	（4）没有使用有后备保护绳或速差自锁器的双控背带式安全带。 （5）安全带和保护绳挂在同一部位的构件上。 （6）未检查横担腐蚀情况、联结是否牢固	（2）检查杆根、基础和拉线是否牢固。 （3）检查杆塔上是否有影响攀登的附属物。 （4）遇有冲刷、起土、上拔或导地线、拉线松动的杆塔，应先培土加固、打好临时拉线或支好架杆。 （5）检查登高工具、设施（如脚扣、升降板、安全带、梯子和脚钉、爬梯、防坠装置等）是否完整牢靠。 （6）攀登有覆冰、积雪、积霜、雨水的杆塔时，应采取防滑措施。 （7）攀登过程中应检查横向裂纹和金具锈蚀情况。 6.2.2 杆塔作业应禁止以下行为: （1）攀登杆基未完全牢固或未做好临时拉线的新立杆塔。 （2）携带器材登杆或在杆塔上移位。 （3）利用绳索、拉线上下杆塔或顺杆下滑。 6.2.3 杆塔上作业应注意以下安全事项: （1）作业人员攀登杆塔、杆塔上移位及杆塔上作业时，手扶的构件应牢固，不得失去安全保护，并有防止安全带从杆顶脱出或被锋利物损坏的措施。 （2）在杆塔上作业时，宜使用有后备保护绳或速差自锁器的双控背带式安全带，安全带和保护绳应分挂在杆塔不同部位的牢固构件上。 （3）上横担前，应检查横担腐蚀情况、联结是否牢固，检查时安全带（绳）应系在主杆或牢固的构件上。
2	高空坠物	二级	（1）在人员密集或有人员通过的地段进行杆塔上作业时，作业点下方应按坠落半径设围栏或其他保护措施。 （2）杆塔上下无法避免垂直交叉作业时，应做好防落物伤人的措施，作业时要相互照应，密切配合。 （3）杆塔上作业时不得从事与工作无关的活动。 （4）高空作业工具应放置牢固，禁止上下抛掷，防止落物伤人	（1）作业点下方没有设围栏或其他保护措施。 （2）杆塔上作业，没有做好防落物伤人的措施。 （3）杆塔上作业人员从事与工作无关的活动。 （4）发生工具、材料发生掉落，造成落物伤人。 （5）作业点下方有人行走或站立	

序号	安全风险	风险等级	预控措施	易发生的问题	规程规范要求
3	导线脱落	二级	金具螺栓应紧固并采取后备保护措施，防止导线脱落	金具螺栓未安装紧固，造成导线脱落	（4）在人员密集或有人员通过的地段进行杆塔上作业时，作业点下方应按坠落半径设围栏或其他保护措施。 （5）杆塔上下无法避免垂直交叉作业时，应做好防落物伤人的措施，作业时要相互照应，密切配合。 （6）杆塔上作业时不得从事与工作无关的活动。 6.2.4 在杆塔上使用梯子或临时工作平台，应将两端与固定物可靠连接，一般应由一人在其上作业。 6.2.5 雷电时，禁止线路杆塔上作业。”

（13）导线展放。本环节作业安全风险及预控措施见表 2－13。

表 2－13　　导线展放作业安全风险及预控措施

序号	安全风险	风险等级	预控措施	易出现的问题	规程规范要求
1	导线脱落	二级	（1）放线过程中，须采取防止导线或地线坠落的措施；采用以旧线带新线的方式施工的，检查确认旧导线完好牢固。 （2）放线过程中，检查导线无障碍物挂住，导线与牵引绳连接可靠。 （3）同杆架设的多回线路放线时，须采取防止磨线或导线缠绕的措施	（1）导线挂住障碍物，导线与牵引绳连接不可靠。 （2）同杆架设的多回线路发生磨线或导线缠绕。 （3）发生导线从杆塔脱落	《国家电网公司电力安全工作规程（配电部分）（试行）》： “6.4 放线、紧线与撤线 6.4.1 放线、紧线与撤线工作均应有专人指挥、统一信号，并做到通信通畅、加强监护 6.4.2 在交叉跨越各种线路、铁路、公路、河流等地方放线、撤线，应先取得有关主管部门同意，做好跨越架搭设、封航、封路、在路口设专人持信号旗看守等安全措施。 6.4.3 工作前应检查确认放线、紧线与撤线工具及设备符合要求。
2	触电	三级	若放线通道中有带电线路和带电设备，应与之保持安全距离，无法保证安全距离时应采取搭设跨越架等措施或停电	需搭设跨越架的地方未搭设跨越架，造成触电事故	

序号	安全风险	风险等级	预控措施	易出现的问题	规程规范要求
3	机械伤害	二级	（1）起吊物件绑扎牢固，若物件有棱角或特别光滑的部位时，在棱角和滑面与绳索（吊带）接触处须加以包垫。 （2）汽车式起重机行驶时，上车操作室不得坐人。 （3）在起吊、牵引过程中，受力钢丝绳的周围、上下方、转向滑车内角侧、吊臂和起吊物的下面，禁止有人逗留和通过	（1）物件绑扎不牢固。 （2）物件棱角或特别光滑的部位没有加以包垫。 （3）起重机行驶时，上车操作室有人。 （4）受力钢丝绳的周围、上下方、转向滑车内角侧、吊臂和起吊物下面有人逗留和通过	6.4.4　放线、紧线前，应检查确认导线无障碍物挂住，导线与牵引绳的连接应可靠，线盘架应稳固可靠、转动灵活、制动可靠。 6.4.5　紧线、撤线前，应检查拉线、桩锚及杆塔。必要时，应加固桩锚或增设临时拉线。拆除杆上导线前，应检查杆根，做好防止倒杆措施，在挖坑前应先绑好拉绳。 6.4.6　放线、紧线时，遇接线管或接线头过滑轮、横担、树枝、房屋等处有卡、挂现象，应松线后处理。处理时操作人员应站在卡线处外侧，采用工具、大绳等撬、拉导线。禁止用手直接拉、推导线。 6.4.7　放线、紧线与撤线时，作业人员不应站在或跨在已受力的牵引绳、导线的内角侧，展放的导线圈内以及牵引绳或架空线的垂直下方。 6.4.8　放、撤导线应有人监护，注意与高压导线的安全距离，并采取措施防止与低压带电线路接触。 6.4.9　禁止采用突然剪断导线的做法松线。 6.4.10　采用以旧线带新线的方式施工，应检查确认旧导线完好牢固；若放线通道中有带电线路和带电设备，应与之保持安全距离，无法保证安全距离时应采取搭设跨越架等措施或停电。 牵引过程中应安排专人跟踪新旧导线连接点，发现问题立即通知停止牵引。 6.4.11　在交通道口采取无跨越架施工时，应采取措施防止车辆挂碰施工线路。

序号	安全风险	风险等级	预控措施	易出现的问题	规程规范要求
4	交通事故	二级	在交叉跨越各种线路、公路、河流等地方放线，须先取得有关主管部门同意，做好跨越架搭设、封航、封路、在路口设专人持信号旗看守等安全措施	发生导线与车辆剐蹭等交通事故	16.2 起重 16.2.1 起吊重物前，应由起重工作负责人检查悬吊情况及所吊物件的捆绑情况，确认可靠后方可试行起吊。起吊重物稍离地面（或支持物），应再次检查各受力部位，确认无异常情况后方可继续起吊。 16.2.2 起吊物件应绑扎牢固，若物件有棱角或特别光滑的部位时，在棱角和滑面与绳索（吊带）接触处应加以包垫。起重吊钩应挂在物件的重心线上。起吊电杆等长物件应选择合理的吊点，并采取防止突然倾倒的措施。 16.2.3 在起吊、牵引过程中，受力钢丝绳的周围、上下方、转向滑车内角侧、吊臂和起吊物的下面，禁止有人逗留和通过。 16.2.4 汽车式起重机行驶时，上车操作室不得坐人。”

（14）紧线。本环节作业安全风险及预控措施见表 2-14。

表 2-14　　紧线作业安全风险及预控措施

序号	安全风险	风险等级	预控措施	易出现的问题	规程规范要求
1	触电	三级	若放线通道中有带电线路和带电设备，应与之保持安全距离，无法保证安全距离时应采取搭设跨越架等措施或停电	需搭设跨越架的地方未搭设跨越架，造成触电事故	《国家电网公司电力安全工作规程（配电部分）（试行）》： “6.4 放线、紧线与撤线 6.4.1 放线、紧线与撤线工作均应有专人指挥、统一信号，并做到通信通畅、加强监护。 6.4.2 在交叉跨越各种线路、铁路、公路、河流等地方放线、撤线，应先取得有关主管部门同意，做好跨越架搭设、封航、封路、在路口设专人持信号旗看守等安全措施。

续表 2－14

<table>
<tr><th>序号</th><th>安全风险</th><th>风险等级</th><th>预控措施</th><th>易出现的问题</th><th>规程规范要求</th></tr>
<tr><td>2</td><td>机械伤害</td><td>二级</td><td>（1）起吊物件须绑扎牢固，若物件有棱角或特别光滑的部位时，在棱角和滑面与绳索（吊带）接触处应加以包垫。
（2）汽车式起重机行驶时，上车操作室不得坐人。
（3）在起吊、牵引过程中，受力钢丝绳的周围、上下方、转向滑车内角侧、吊臂和起吊物的下面，禁止有人逗留和通过</td><td>（1）物件绑扎不牢固。
（2）物件棱角或特别光滑的部位没有加以包垫。
（3）起重机行驶时，上车操作室有人。
（4）受力钢丝绳的周围、上下方、转向滑车内角侧、吊臂和起吊物下面有人逗留和通过</td><td rowspan="2">6.4.3　工作前应检查确认放线、紧线与撤线工具及设备符合要求。
6.4.4　放线、紧线前，应检查确认导线无障碍物挂住，导线与牵引绳的连接应可靠，线盘架应稳固可靠、转动灵活、制动可靠。
6.4.5　紧线、撤线前，应检查拉线、桩锚及杆塔。必要时，应加固桩锚或增设临时拉线。拆除杆上导线前，应检查杆根，做好防止倒杆措施，在挖坑前应先绑好拉绳。
6.4.6　放线、紧线时，遇接线管或接线头过滑轮、横担、树枝、房屋等处有卡、挂现象，应松线后处理。处理时操作人员应站在卡线处外侧，采用工具、大绳等撬、拉导线。禁止用手直接拉、推导线。
6.4.7　放线、紧线与撤线时，作业人员不应站在或跨在已受力的牵引绳、导线的内角侧，展放的导线圈内以及牵引绳或架空线的垂直下方。
6.4.8　放、撤导线应有人监护，注意与高压导线的安全距离，并采取措施防止与低压带电线路接触。
6.4.9　禁止采用突然剪断导线的做法松线。
6.4.10　采用以旧线带新线的方式施工，应检查确认旧导线完好牢固；若放线通道中有带电线路和带电设备，应与之保持安全距离，无法保证安全距离时应采取搭设跨越架等措施或停电。
牵引过程中应安排专人跟踪新旧导线连接点，发现问题立即通知停止牵引。
6.4.11　在交通道口采取无跨越架施工时，应采取措施防止车辆挂碰施工线路。</td></tr>
<tr><td>3</td><td>导线脱落</td><td>二级</td><td>（1）紧线过程中，保证导线位于滑轮凹槽中，且无卡、挂现象。
（2）紧线过程中，耐张线夹须紧固到位，防止跑线或导线脱落。
（3）紧线前，检查导线无障碍物挂住，导线与牵引绳连接可靠</td><td>（1）导线挂住障碍物，导线与牵引绳连接不可靠。
（2）紧线过程中，导线头过滑轮、横担时，发生卡、挂现象。
（3）发生导线脱落</td></tr>
</table>

续表 2－14

序号	安全风险	风险等级	预控措施	易出现的问题	规程规范要求
4	杆塔倾倒	三级	（1）紧线过程中，须加固桩锚或增设临时拉线。 （2）紧线过程中，随时观察杆塔受力及导线弧垂情况，防止牵引过度	（1）牵引过度造成弧垂过小，引发断线、杆塔倒塌。 （2）紧线前未装设临时拉线，造成杆塔倒塌	16.2　起重 16.2.1　起吊重物前，应由起重工作负责人检查悬吊情况及所吊物件的捆绑情况，确认可靠后方可试行起吊。起吊重物稍离地面（或支持物），应再次检查各受力部位，确认无异常情况后方可继续起吊。 16.2.2　起吊物件应绑扎牢固，若物件有棱角或特别光滑的部位时，在棱角和滑面与绳索（吊带）接触处应加以包垫。起重吊钩应挂在物件的重心线上。起吊电杆等长物件应选择合理的吊点，并采取防止突然倾倒的措施。 16.2.3　在起吊、牵引过程中，受力钢丝绳的周围、上下方、转向滑车内角侧、吊臂和起吊物的下面，禁止有人逗留和通过。 16.2.4　汽车式起重机行驶时，上车操作室不得坐人。”

（15）导线固定。本环节作业安全风险及预控措施见表 2－15。

表 2－15　　导线固定作业安全风险及预控措施

序号	安全风险	风险等级	预控措施	易出现的问题	规程规范要求
1	高处坠落	二级	（1）须正确使用安全带（绳），防止高处坠落。 （2）作业人员攀登杆塔、杆塔上移位及杆塔上作业时，手扶的构件须牢固，不得失去安全保护，并有防止安全带从杆顶脱出或被锋利物损坏的措施。	（1）没有正确使用安全带（绳）。 （2）手扶的构件不牢固，失去安全保护。 （3）没有防止安全带从杆顶脱出或被锋利物损坏的措施。 （4）没有使用有后备保护绳或速差自锁器的双控背带式安全带。 （5）安全带和保护绳挂在同一部位的构件上。	《国家电网公司电力安全工作规程（配电部分）（试行）》： “6.2　杆塔上作业 6.2.1　登杆塔前，应做好以下工作： （1）核对线路名称和杆号。 （2）检查杆根、基础和拉线是否牢固。 （3）检查杆塔上是否有影响攀登的附属物。

续表 2－15

序号	安全风险	风险等级	预控措施	易出现的问题	规程规范要求
1	高处坠落	二级	（3）在杆塔上作业时，须使用有后备保护绳或速差自锁器的双控背带式安全带，安全带和保护绳分挂在杆塔不同部位的牢固构件上。 （4）上横担前，须检查横担腐蚀情况、联结是否牢固，检查时安全带（绳）系在主杆或牢固的构件上。 （5）在人员密集或有人员通过的地段进行杆塔上作业时，作业点下方须按坠落半径设围栏或其他保护措施。 （6）杆塔上下无法避免垂直交叉作业时，做好防落物伤人的措施，作业时要相互照应，密切配合。 （7）杆塔上作业时不得从事与工作无关的活动	（6）没有检查横担腐蚀情况、联结是否牢固。 （7）作业点下方没有设围栏或其他保护措施。 （8）没有做好防落物伤人的措施。 （9）作业人员从事与工作无关的活动	（4）遇有冲刷、起土、上拔或导地线、拉线松动的杆塔，应先培土加固、打好临时拉线或支好架杆。 （5）检查登高工具、设施（如脚扣、升降板、安全带、梯子和脚钉、爬梯、防坠装置等）是否完整牢靠。 （6）攀登有覆冰、积雪、积霜、雨水的杆塔时，应采取防滑措施。 （7）攀登过程中应检查横向裂纹和金具锈蚀情况。 6.2.2 杆塔作业应禁止以下行为： （1）攀登杆基未完全牢固或未做好临时拉线的新立杆塔。 （2）携带器材登杆或在杆塔上移位。 （3）利用绳索、拉线上下杆塔或顺杆下滑。 6.2.3 杆塔上作业应注意以下安全事项： （1）作业人员攀登杆塔、杆塔上移位及杆塔上作业时，手扶的构件应牢固，不得失去安全保护，并有防止安全带从杆顶脱出或被锋利物损坏的措施。 （2）在杆塔上作业时，宜使用有后备保护绳或速差自锁器的双控背带式安全带，安全带和保护绳应分挂在杆塔不同部位的牢固构件上。 （3）上横担前，应检查横担腐蚀情况、联结是否牢固，检查时安全带（绳）应系在主杆或牢固的构件上。 （4）在人员密集或有人员通过的地段进行杆塔上作业时，作业点下方应按坠落半径设围栏或其他保护措施。
2	高空坠物	二级	（1）高空作业工具须放置牢固，禁止上下抛掷，防止落物伤人。 （2）杆上作业，工器具、横担须放置牢固，严禁上下抛掷，严禁有人在作业点下方行走或站立	（1）工具放置不牢固。 （2）作业点下方有人行走或站立，发生落物伤人	

续表 2－15

序号	安全风险	风险等级	预控措施	易出现的问题	规程规范要求
3	导线脱落	二级	金具螺栓须紧固并采取后备保护措施，防止导线脱落	金具螺栓未按照要求紧固到位，发生导线脱落	（5）杆塔上下无法避免垂直交叉作业时，应做好防落物伤人的措施，作业时要相互照应，密切配合。 （6）杆塔上作业时不得从事与工作无关的活动。 6.2.4　在杆塔上使用梯子或临时工作平台，应将两端与固定物可靠连接，一般应由一人在其上作业。 6.2.5　雷电时，禁止线路杆塔上作业。”

（16）引流线安装。本环节作业安全风险及预控措施见表 2－16。

表 2－16　　引流线安装作业安全风险及预控措施

序号	安全风险	风险等级	预控措施	易发生的问题	规程规范要求
1	高处坠落	二级	（1）正确使用安全带（绳）、后备绳，防止高处坠落。 （2）攀登杆塔、杆塔上移位及杆塔上作业时，手扶的构件应牢固，不得失去安全保护，并有防止安全带从杆顶脱出或被锋利物损坏的措施。 （3）在杆塔上作业时，须使用有后备保护绳或速差自锁器的双控背带式安全带，安全带和保护绳应分挂在杆塔不同部位的牢固构件上。 （4）上横担前，应检查横担腐蚀情况、联结是否牢固，检查时安全带（绳）应系在主杆或牢固的构件上。	（1）未正确使用安全带（绳）。 （2）手扶的构件不牢固，失去安全保护，造成高处坠落。 （3）没有防止安全带从杆顶脱出或被锋利物损坏的措施。 （4）没有使用有后备保护绳或速差自锁器的双控背带式安全带。 （5）安全带和保护绳挂在同一部位的构件上。 （6）上横担前，未检查横担腐蚀情况、联结是否牢固。 （7）作业点下方没有设围栏或其他保护措施。	《国家电网公司电力安全工作规程（配电部分）（试行）》： “6.2　杆塔上作业 6.2.1　登杆塔前，应做好以下工作： （1）核对线路名称和杆号。 （2）检查杆根、基础和拉线是否牢固。 （3）检查杆塔上是否有影响攀登的附属物。 （4）遇有冲刷、起土、上拔或导地线、拉线松动的杆塔，应先培土加固、打好临时拉线或支好架杆。 （5）检查登高工具、设施（如脚扣、升降板、安全带、梯子和脚钉、爬梯、防坠装置等）是否完整牢靠。 （6）攀登有覆冰、积雪、积霜、雨水的杆塔时，应采取防滑措施。

续表 2－16

序号	安全风险	风险等级	预控措施	易发生的问题	规程规范要求
1	高处坠落	二级	（5）在人员密集或有人员通过的地段进行杆塔上作业时，作业点下方应按坠落半径设围栏或其他保护措施。 （6）杆塔上下无法避免垂直交叉作业时，应做好防落物伤人的措施，作业时要相互照应，密切配合。 （7）杆塔上作业时不得从事与工作无关的活动	（8）未做好防落物伤人的措施。 （9）作业人员从事与工作无关的活动	（7）攀登过程中应检查横向裂纹和金具锈蚀情况。 6.2.2 杆塔作业应禁止以下行为： （1）攀登杆基未完全牢固或未做好临时拉线的新立杆塔。 （2）携带器材登杆或在杆塔上移位。 （3）利用绳索、拉线上下杆塔或顺杆下滑。 6.2.3 杆塔上作业应注意以下安全事项： （1）作业人员攀登杆塔、杆塔上移位及杆塔上作业时，手扶的构件应牢固，不得失去安全保护，并有防止安全带从杆顶脱出或被锋利物损坏的措施。 （2）在杆塔上作业时，宜使用有后备保护绳或速差自锁器的双控背带式安全带，安全带和保护绳应分挂在杆塔不同部位的牢固构件上。
2	高空落物	二级	（1）杆上作业，工器具、横担应放置牢固，严禁上下抛掷，严禁有人在作业点下方行走或站立。设置必要的围栏、警示标志。 （2）金具螺栓应紧固并采取后备保护措施，防止导线脱落	发生导线脱落，工器具、材料等高处落物伤人	（3）上横担前，应检查横担腐蚀情况、联结是否牢固，检查时安全带（绳）应系在主杆或牢固的构件上。 （4）在人员密集或有人员通过的地段进行杆塔上作业时，作业点下方应按坠落半径设围栏或其他保护措施。 （5）杆塔上下无法避免垂直交叉作业时，应做好防落物伤人的措施，作业时要相互照应，密切配合。 （6）杆塔上作业时不得从事与工作无关的活动。 6.2.4 在杆塔上使用梯子或临时工作平台，应将两端与固定物可靠连接，一般应由一人在其上作业。 6.2.5 雷电时，禁止线路杆塔上作业。”

（17）接地网安装。本环节作业安全风险及预控措施见表 2－17。

表 2－17　　接地网安装作业安全风险及预控措施

<table>
<tr><th>序号</th><th>安全风险</th><th>风险等级</th><th>预控措施</th><th>已发生主要问题</th><th>规程规范要求</th></tr>
<tr><td>1</td><td>机械伤害</td><td>二级</td><td>设专人监护指挥，操作人员同现场指挥人员密切配合</td><td>沟槽开挖发生机械伤人</td><td rowspan="3">（1）《国家电网公司电力安全工作规程（配电部分）（试行）》：
“6.1.8　杆塔基础附近开挖时，应随时检查杆塔稳定性。若开挖影响杆塔的稳定性时，应在开挖的反方向加装临时拉线，开挖基坑未回填时禁止拆除临时拉线。”
（2）《国家电网公司电力安全工作规程（电网建设部分）（试行）》：
“3.5.4.20　电动机械或电动工具应做到‘一机一闸一保护’。移动式电动机械应使用绝缘护套软电缆。
4.6.1.1　进行焊接或切割作业时，操作人员应穿戴专用工作服、绝缘鞋、防护手套等符合专业防护要求的劳动保护用品。衣着不得敞领卷袖。
15.3.2　禁止在油漆未干的结构或其他物体上焊接。
15.3.4　电焊机的外壳应可靠接地，接地电阻不得大于 4Ω。”</td></tr>
<tr><td>2</td><td>工器具触电</td><td>二级</td><td>（1）严格落实临时电源“一机一闸一保护”，严格执行动火工作的有关规定；焊接时，电焊机外壳必须接地。
（2）焊接时，严格按照安全规程要求，穿戴专用工作服、绝缘鞋、防护手套等</td><td>（1）焊接时，发生触电等机械、人身事故。
（2）未穿戴专用工作服、绝缘鞋、防护手套等，发生电焊伤人事故</td></tr>
<tr><td>3</td><td>火灾</td><td>二级</td><td>在油漆未干或有易燃物在附近时，禁止实施焊接</td><td>在油漆未干或有易燃物在附近时实施焊接，发生火灾事故</td></tr>
</table>

（18）标示牌（杆号牌、相序牌、安全警示牌、设备标示牌等）安装。本环节作业安全风险及预控措施见表 2－18。

表 2－18　　标示牌安装作业安全风险及预控措施

序号	安全风险	风险等级	预控措施	易出现的问题	规程规范要求
1	高处坠落	二级	（1）梯子牢固完整，有防滑措施。梯子的支柱能承受作业人员及所携带的工具、材料的总重量。 （2）硬质梯子的横档嵌在支柱上，梯阶的距离不大于 400mm，并在距梯顶 1m 处设限高标志。 （3）使用单梯工作时，梯子与地面的斜角度为 60° 左右。 （4）梯子不得绑接使用；人字梯须有限制开度的措施。 （5）人在梯子上时，禁止移动梯子。 （6）上下梯子要有专人扶持或绑牢	（1）使用不合格的登高梯子或携带重物登梯，导致梯子断裂，造成人员摔伤。 （2）高处作业时不正确使用梯子或无人扶梯，导致梯子歪倒、翻倒或滑倒，造成人员摔伤	《国家电网公司电力安全工作规程（配电部分）（试行）》： “3.3.7　可使用其他书面记录或按口头、电话命令执行的工作。 3.3.7.4　涂写杆塔号、安装标示牌等工作地点在杆塔最下层导线以下，并能够保持表 3－1 安全距离的工作。 17.4　梯子 17.4.1　梯子应坚固完整，有防滑措施。梯子的支柱应能承受攀登时作业人员及所携带的工具、材料的总重量。 17.4.2　单梯的横档应嵌在支柱上，并在距梯顶 1m 处设限高标志。使用单梯工作时，梯与地面的斜角度约为 60°。 17.4.3　梯子不宜绑接使用。人字梯应有限制开度的措施。 17.4.4　人在梯子上时，禁止移动梯子。”
2	物体打击	二级	（1）在梯子上工作上下传标示牌、工具包时使用绳索传递，严禁上下抛掷。 （2）标示牌安装后，检查确已安装牢固	（1）在梯子上工作，上下传递物品未使用绳索，造成坠物伤人。 （2）安装标示牌不牢固，发生标示牌坠落损坏及人员摔伤	

（19）收工会。本环节作业安全风险及预控措施见表 2－19。

表 2－19　　收工会作业安全风险及预控措施

序号	安全风险	风险等级	预控措施	易出现的问题	规程规范要求
1	管理不到位	一级	工作负责人在收工会上清点、核对作业人员数量，参加会议人员须与工作票、作业指导书（卡）人员数量相等、人员一致	收工会作业人员不齐全，遗漏作业人员在作业现场，发生人身伤害事故	《生产作业安全管控标准化工作规范（试行）》（国家电网安质〔2016〕356 号）： “4.9　班后会 4.9.1　班后会一般在工作结束后由班组长组织全体班组人员召开。

续表 2－19

序号	安全风险	风险等级	预控措施	易出现的问题	规程规范要求
2	交通事故	一级	（1）人员尽量站在道路边上，不影响车辆交通。 （2）设置安全警示标志。 （3）设专人在会场两端拿鲜艳旗帜提醒过往车辆。 （4）禁止在铁路附近开会	在道路或路边上开会，各种车辆较多，发生被撞交通事故	4.9.2　班后会应对作业现场安全管控措施落实及‘两票三制’执行情况总结评价，分析不足，表扬遵章守纪行为，批评忽视安全、违章作业等不良现象。”
		二级	（1）会议现场要有足够的照明设施。 （2）设置灯光或反光安全警示标志。 （3）设专人在会场两端手持灯光指示器提醒过往车辆	夜间在道路或路边上开会，照明不足，视线不好，发生被撞交通事故	
3	高处坠落	二级	（1）会议期间严肃纪律，不得拥挤。 （2）会议地点尽量选择平坦地点或远离坑、井、洞等临空面的地方。 （3）在坑、井、洞等临空面处，须设置防护装置和安全警示标志。 （4）会议前详细介绍现场环境情况，交代坑、井、洞等临空面的具体位置和注意事项，对于站在距离坑、井、洞等临空面较近的人员，采取防坠落措施	在山坡上或坑、井、洞等临空面处开会，人员拥挤或站立不牢、后退距离过大，发生滚落、坠落事故，造成摔伤	
4	溺水	二级	（1）会议地点尽量选择在远离水域（江、河、湖、海等）岸边的地方。 （2）在水域（江、河、湖、海等）岸边开会，应设置防护装置和安全警示标志。 （3）会议前详细介绍现场环境情况，交代水域（江、河、湖、海等）的具体位置和安全注意事项，对于站在距离水域（江、河、湖、海等）较近的人员，采取防落水措施。 （4）配备必要的落水施救器材	（1）在水域（江、河、湖、海等）岸边开会，人员拥挤或站立不牢，发生落水，造成人员溺水。 （2）未配备救生器材造成施救不及时	

2.2　220/380V 配电网工程

（1）现场勘察。本环节作业安全风险及预控措施见表 2－20。

表 2－20　　　　现场勘察作业安全风险及预控措施

序号	安全风险	风险等级	预控措施	易发生的问题	规程规范要求
1	物体打击	一级	（1）作业人员进入落物高发区应戴安全帽。 （2）作业人员应穿着全棉长袖工作服。 （3）夜间作业人员应配备足够的照明器材	（1）未戴安全帽或未按要求戴安全帽，造成人员碰伤、刮伤。 （2）未穿着全棉长袖工作服，造成人员碰伤、刮伤。 （3）夜间未配备足够的照明器材，造成刮伤、摔伤	（1）《国家电网公司电力安全工作规程（配电部分）（试行）》： “3.2　现场勘察制度 3.2.1　配电检修（施工）作业和用户工程、设备上的工作，工作票签发人或工作负责人认为有必要现场勘察的，应根据工作任务组织现场勘察，并填写现场勘察记录（见附录 A）。 3.2.2　现场勘察应由工作票签发人或工作负责人组织，工作负责人、设备运维管理单位(用户单位）和检修（施工）单位相关人员参加。对涉及多专业、多部门、多单位的作业项目，应由项目主管部门、单位组织相关人员共同参与。 3.2.3　现场勘察应查看检修（施工）作业需要停电的范围、保留的带电部位、装设接地线的位置、邻近线路、交叉跨越、多电源、自备电源、地下管线设施和作业现场的条件、环境及其他影响作业的危险点，并提出针对性的安全措施和注意事项。 3.2.4　现场勘察后，现场勘察记录应送交工作票签发人、工作负责人及相关各方，作为填写、签发工作票等的依据。
2	动物伤人	一级	（1）进村庄对可能有狗的地方应先喊叫，可备用棍棒，防备狗突然窜出。 （2）在杂草丛生有蛇活动的地区作业时应带一树枝条，边走边打草，打草惊蛇，避免被蛇咬伤。 （3）发现马蜂窝不要靠近，更不能触碰。 （4）采取有效措施，避免野生动物伤人	作业人员在野外、村庄勘察时受野生动物、家畜伤害，造成人身伤害、精神惊吓	
3	疫情	一级	现场勘察严格执行《现场作业防疫措施二十条》（鲁电安监〔2020〕70 号）	（1）现场勘察人员未执行《现场作业防疫措施二十条》（鲁电安监〔2020〕70 号），未戴口罩、未测量体温等。 （2）突发新型冠状病毒或其他疫情感染	
4	溺水	一级	（1）勘察路径应尽量选择远离水域（江、河、湖、海等）岸边的地方。 （2）工作中应尽量避开不明深浅的水域。 （3）配备必要的救生器材或渡水器具。 （4）作业人员不得拥挤、嬉闹。 （5）涉水人员应具有一定游泳技能	（1）靠近水域（江、河、湖、海等）岸边发生落水事故，造成人员溺水。 （2）涉水时未探明深浅，发生人员溺水。 （3）涉水时缺少游泳技能或相应器具，发生人员溺水	

续表 2－20

序号	安全风险	风险等级	预控措施	易发生的问题	规程规范要求
5	交通事故	二级	（1）勘察人员应尽量沿道路路边行走，不影响车辆交通。 （2）注意观察来往车辆，及时避让。 （3）人员应尽量远离快速公路。 （4）提前问明机车过往时段，利用机车通过间隙勘察现场，并设专人监视，发现异常及时撤离	勘察人员行走、行车时未注意车辆，发生交通事故	3.2.5　开工前，工作负责人或工作票签发人应重新核对现场勘察情况，发现与原勘察情况有变化时，应及时修正、完善相应的安全措施。” （2）《生产作业安全管控标准化工作规范（试行）》（国家电网安质〔2016〕356 号）： “3.1　现场勘察 3.1.1　需要现场勘察的作业项目 e）配电线路杆塔组立、导线架设、电缆敷设等检修、改造项目施工作业。 f）新装（更换）配电箱式变电站、开闭所、环网单元、电缆分支箱、变压器、柱上开关等设备作业。 g）带电作业。 h）涉及多专业、多单位、多班组的大型复杂作业和非本班组管辖范围内设备检修（施工）的作业。 i）使用吊车、挖掘机等大型机械的作业。 j）跨越铁路、高速公路、通航河流等施工作业。 k）试验和推广新技术、新工艺、新设备、新材料的作业项目。 l）工作票签发人或工作负责人认为有必要现场勘察的其他作业项目。 3.1.2　现场勘察组织 a）现场勘察应在编制‘三措’及填写工作票前完成。 b）现场勘察由工作票签发人或工作负责人组织。
6	高处坠落	一级	（1）勘察路径尽量选择平坦地面或远离坑、井等临空面的地方进行。 （2）必须在坑、井（特别注意枯井、废弃机井）等临空面处勘察时，应加强监护，并采取防坠落措施。 （3）勘察人员不得拥挤、嬉闹。 （4）在山坡上勘察时应避免踩踏不稳固的石头；在山脚下行走时应随时观察山坡是否有落石的危险	（1）勘察人员在坑、井附近勘察时未注意，也未加强监护，造成人员坠落等伤害。 （2）避让不及时被落物击伤	
7	雷击触电	一级	室外勘察遇有雷雨时，应停止勘察，若无法避免时，应采取防雷措施（如穿绝缘靴，不站于高处，远离线路及树木，不接打移动电话）	勘察中遇有雷雨天气，发生雷击伤人	

序号	安全风险	风险等级	预控措施	易发生的问题	规程规范要求
7	雷击触电	一级			c）现场勘察一般由工作负责人、设备运维管理单位和作业单位相关人员参加。 d）对涉及多专业、多单位的大型复杂作业项目，应由项目主管部门、单位组织相关人员共同参与。 e）承发包工程作业应由项目主管部门、单位组织，设备运维管理单位和作业单位共同参与。 f）开工前，工作负责人或工作票签发人应重新核对现场勘察情况，发现与原勘察情况有变化时，应及时修正、完善相应的安全措施。 3.1.3　现场勘察主要内容 a）需要停电的范围：作业中直接触及的电气设备，作业中机具、人员及材料可能触及或接近导致安全距离不能满足《电力安全工作规程》规定距离的电气设备。 b）保留的带电部位：邻近、交叉、跨越等不需停电的线路及设备，双电源、自备电源、分布式电源等可能反送电的设备。 c）作业现场的条件：装设接地线的位置，人员进出通道，设备、机械搬运通道及摆放地点，地下管沟、隧道、工井等有限空间，地下管线设施走向等。 d）作业现场的环境：施工线路跨越铁路、电力线路、公路、河流等环境，作业对周边构筑物、易燃易爆设施、通信设施、交通设施产生的影响，作业可能对城区、人口密集区、交通道口、通行道路上人员产生的人身伤害风险等。 e）需要落实的‘反措’及设备遗留缺陷。

续表 2-20

序号	安全风险	风险等级	预控措施	易发生的问题	规程规范要求
7	雷击触电	一级			3.1.4 现场勘察记录 a）现场勘察应填写现场勘察记录。 b）现场勘察记录宜采用文字、图示或影像相结合的方式。记录内容包括：工作地点需停电的范围，保留的带电部位，作业现场的条件、环境及其他危险点，应采取的安全措施，附图与说明。 c）现场勘察记录应作为工作票签发人、工作负责人及相关各方编制‘三措’和填写、签发工作票的依据。 d）现场勘察记录由工作负责人收执。勘察记录应同工作票一起保存一年。” （3）《现场作业防疫措施二十条》（鲁电安监〔2020〕70 号）现场作业防疫有关要求

（2）施工前准备。本环节作业安全风险及预控措施见表 2-21。

表 2-21　　施工前准备作业安全风险及预控措施

序号	安全风险	风险等级	预控措施	易发生的问题	规程规范要求
1	管理不到位	一级	（1）根据现场工作实际情况，综合考虑施工现场各类因素，编制施工方案，及时提报给相关单位及分管领导审批，并报备。 （2）按照施工计划，工作负责人（工作票签发人）提前办理工作票和施工作业票，按照工作流程进行报审。 （3）根据里程碑计划，梳理每日工作任务，进行分解，各类管理人员加强督导管控，督查参建人员。	（1）“三措”审批流程不正确，未经设备运维管理单位、相关专业管理部门、分管领导逐级审批。 （2）现场标准化作业指导书无审核、审定人员签字。 （3）施工作业票中需设专责监护人的工作，未在指定位置填写。	（1）《生产作业安全管控标准化工作规范（试行）》（国家电网安质〔2016〕356 号）： “3.2 风险评估 3.2.1 现场勘察结束后，编制‘三措’、填写‘两票’前，应针对作业开展风险评估工作。 3.2.2 风险评估一般由工作票签发人或工作负责人组织。 3.2.3 设备改进、革新、试验、科研项目作业，应由作业单位组织开展风险评估。

续表 2-21

序号	安全风险	风险等级	预控措施	易发生的问题	规程规范要求
1	管理不到位	一级	（4）业主单位组织监理、设计施工人员开展技术交底，明确各类事项。 （5）按照工作计划，提前准备试验合格、充足、与施工现场相匹配的工器具和材料。 （6）分包商必须进入合格分包商名单，且资质时效在规定期限内。 （7）检查外来施工队伍（分包人员）建档立卡情况，重点审查资质、合同、安全协议签订及安全教育培训考试等内容。 （8）按照规定签订承发包合同及相应的安全协议。 （9）严格执行建档立卡要求	（4）现场施工作业未使用工作票和施工作业票（无票作业）。 （5）填写的工作票（施工作业票）内容错误。 （6）工作票上的内容与实际工作不符。 （7）“日管控”工作任务、人员数量及主要危险点与现场实际不相符。 （8）现场施工作业未列入“日管控”。 （9）工作票（施工作业票）制订的安全措施针对性差、无操作性。 （10）施工方案没有风险判别，且危险点分析及控制的措施不满足现场需要。 （11）机具和安全工器具没有统一编号；使用前没有检查。使用损坏、变形、有故障等不合格的机具和安全工器具。 （12）接地线操作棒手持部分护套缺失，且导线绝缘护套破损。 （13）脚扣防滑胶垫磨损严重，起不到防滑作用。 （14）作业现场安全带破损且试验超期。 （15）外协队伍车辆私自携带安全工器具到现场，且与材料、工器具混放。 （16）绝缘梯底部防滑垫缺失，没有 1m 限高标志。 （17）接地线磨损严重且试验合格标签无法辨认。	3.2.4　涉及多专业、多单位共同参与的大型复杂作业，应由作业项目主管部门、单位组织开展风险评估。 3.2.5　风险评估应针对触电伤害、高处坠落、物体打击、机械伤害、特殊环境作业、误操作等方面存在的危险因素，全面开展评估。 3.2.6　风险评估出的危险点及预控措施应在‘两票’‘三措’等中予以明确。 3.3　承载力分析 3.3.1　地市公司级单位、县公司级单位应利用月度计划平衡会、周安全生产例会统筹开展所属单位、二级机构承载力分析工作。二级机构应利用周安全生产例会、班组应利用周安全日活动，开展作业承载力分析工作，保证作业安排在承载力范围内。 3.3.2　各单位、二级机构承载力分析内容 a）可同时派出的班组数量。 b）派出班组的作业能力是否满足作业要求。 c）多专业、多班组、多现场间工作协调是否满足作业需求。 3.3.3　作业班组承载力分析内容 a）可同时派出的工作组和工作负责人数量。每个作业班组同时开工的作业现场数量，不得超过工作负责人数量。 b）作业任务难易水平、工作量大小。 c）安全防护用品、安全工器具、施工机具、车辆等是否满足作业需求。 d）作业环境因素（地形地貌、天气等）对工作进度、人员配备及工作状态造成的影响等。

序号	安全风险	风险等级	预控措施	易发生的问题	规程规范要求
1	管理不到位	一级		（18）施工现场缺少必要的安全工器具。 （19）绝缘手套、绝缘靴、验电笔、绝缘操作杆、接地线、安全带、脚扣现场检查不合格。 （20）绝缘手套、绝缘靴、验电笔、绝缘操作杆、接地线、安全带、脚扣无试验合格证或试验合格证破损严重无法辨认。 （21）安全工器具超期。 （22）钢丝绳、牵引绳、工作绳磨损严重。 （23）作业现场无应急医药箱，应急医药箱内无药品或药品超期。 （24）分包商不在公布名单中。 （25）分包队伍资质过期或与承担工程不匹配。 （26）未核实分包队伍承载力，超过其承载力承发包。 （27）合同签订时间滞后，内容不规范。 （28）签订的合同、安全协议超范围或未明确劳务分包范围。 （29）应用的合同、安全协议超使用期限。 （30）部分施工队伍人员未建档立卡。 （31）分包队伍私制胸牌。 （32）外来施工人员无胸卡证。 （33）未开展安全教育培训，安全教育培训流于形式，未经考试上岗工作或考试不合格许可进入施工现场	3.3.4　作业人员承载力分析内容 a）作业人员身体状况、精神状态以及有无妨碍工作的特殊病症。 b）作业人员技能水平、安全能力。技能水平可根据其岗位角色、是否担任工作负责人本专业工作年限等综合评定。安全能力应结合《电力安全工作规程》考试成绩、人员违章情况等综合评定。 3.3.5　各级单位应积极推进承载力量化分析工作，提升作业计划和工作安排的科学化、规范化管理水平。 3.4　‘三措’编制 3.4.1　需编制‘三措’的项目 3.4.2　作业单位应根据现场勘察结果和风险评估内容编制‘三措’。对涉及多专业、多单位的大型复杂作业项目，应由项目主管部门、单位组织相关人员编制‘三措’。 3.4.3　‘三措’内容包括任务类别、概况、时间、进度、需停电的范围、保留的带电部位及组织措施、技术措施和安全措施。 3.4.4　‘三措’应分级管理，经作业单位、监理单位（如有）、设备运维管理单位、相关专业管理部门、分管领导逐级审批，严禁执行未经审批的‘三措’。

序号	安全风险	风险等级	预控措施	易发生的问题	规程规范要求
1	管理不到位	一级			3.5 ‘两票’填写 3.5.1 在电气设备上及相关场所的工作，应填用工作票、倒闸操作票。各级单位应规范‘两票’填写与执行标准，明确使用范围、内容、流程、术语。 3.5.2 作业单位应根据现场勘察、风险评估结果，由工作负责人或工作票签发人填写工作票。 3.5.3 工作票‘双签发’相关要求。 a）承发包工程中，作业单位在运用中的电气设备上或已运行的变电站内工作，工作票宜由作业单位和设备运维管理单位共同签发，在工作票上分别签名，各自承担相应的安全责任。 b）发包方工作票签发人主要对工作票上所填工作任务的必要性、安全性和安全措施是否正确完备负责；承包方工作票签发人主要对所派工作负责人和工作班人员是否适当和充足以及安全措施是否正确完备负责。 3.5.4 承发包工程宜由作业单位人员担任工作负责人，若设备运维管理单位认为有必要，可派人担任工作负责人或增派专人监护。 3.5.5 生产厂家、外协服务等人员参加现场作业，应由设备运维管理单位人员担任工作负责人，执行相应工作票。” （2）《国家电网公司城乡配网建设与改造工程业主监理施工项目部安全管理工作规范（试行）》（安质二〔2017〕56 号）：

序号	安全风险	风险等级	预控措施	易发生的问题	规程规范要求
1	管理不到位	一级			“第十条 （四）施工项目部是施工现场安全的责任主体。在施工合同中所列工程的施工项目，所有工作票、安全施工作业票均应以施工项目部名义办理，涉及运行设备的工作票和安全施工作业票应实行设备运维单位和施工单位‘双签发’。劳务分包人员不得担任工作票签发人、工作负责人。” （3）《国网山东省电力公司发承包工程管理30条禁令》（鲁电安质〔2017〕367号）： “二、工程管理‘七严禁’ （1）严禁不培训考试、不开展进场登记交底核查即施工。 （2）严禁随意压缩工期、变更施工计划。 （3）严禁安排劳务分包人员担任工作负责人、专责监护人、自带安全工器具和不纳入班组管理。 （4）严禁监理人员在施工作业期间脱岗或不履行监理职责。 （5）严禁未经关键工序、工艺验收合格即转序作业。 （6）严禁使用未经签字验收合格的材料、配件。 （7）严禁以包代管、以罚代管、不开展安全资信报备。”

（3）开工会。本环节作业安全风险及预控措施见表 2－22。

表 2－22　　　　开工会作业安全风险及预控措施

序号	安全风险	风险等级	预控措施	易发生的问题	规程规范要求
1	管理不到位	一级	（1）工作负责人在开工会上对作业人员进行检查，作业人员必须按规定着装，精神状态良好，劳务分包人员胸卡证齐全有效，否则不允许进入作业现场。 （2）工作负责人认真清点、核对作业人员数量，参加会议人员应与工作票、作业指导书（卡）人员数量相等，人员一致。 （3）工作负责人根据工作票、作业指导书（卡）、“三措一案”所列内容全面、详细交代现场安全措施和安全注意事项。 （4）工作负责人进行安全交底后，全体作业人员在工作票（指导书、卡）上履行签名确认手续。 （5）工作前，工作负责人应认真对外单位承担或外来工作人员（包括民工）告知现场安全措施、线路（设备）带电部位、危险点和安全注意事项。 （6）工作班成员应认真参加开工会，集中精力听讲，有疑问者应及时提问。 （7）作业人员有精神状态不佳、身体不适者，应主动向工作负责人汇报实情。 （8）未得到工作负责人许可开工前，任何人员不得开始现场作业。 （9）未参加开工会的人员严禁进入施工现场，新增工作人员须经工作负责人安全交底，并签名确认后方可进行现场作业。 （10）外单位承担或外来工作人员（包括民工）确认被告知内容后，应履行安全交底签名确认手续后方可参加工作	（1）未召开开工会，工作人员不清楚工作任务、工作范围等情况。 （2）无施工现场看板，施工人员不清楚现场工作情况。 （3）现场看板内容缺少或不符合要求。 （4）施工看板上特种人员资质证件照片不全、图片模糊不清。 （5）施工看板未公示分包商（施工单位）资质情况。 （6）工作许可前召开开工会，工作流程不对应。 （7）现场工作票中，工作人员未签字确认。 （8）工作票中，工作班组人员签名存在造假（代签）现象。 （9）多日连续作业的工作票，没有履行每日安全交底签字手续。 （10）工作票（施工作业票）未进行交底和履行签名	（1）《生产作业安全管控标准化工作规范（试行）》（国家电网安质〔2016〕356 号）： “3.6　班前会 3.6.1　班前会由班组长组织全体班组人员召开。 3.6.2　班前会应结合当班运行方式、工作任务，开展安全风险评估，布置风险预控措施，组织交代工作任务、作业风险和安全措施，检查个人安全工器具、个人劳动防护用品和人员精神状况。” （2）《国家电网公司电力安全工作规程（电网建设部分）（试行）》： “3.5.4.23　在光线不足的作业场所及夜间作业的场所均应有足够的照明。” （3）《国家电网公司电力安全工作规程（配电部分）（试行）》： “4.5.12　城区、人口密集区或交通道口和通行道路上施工时，工作场所周围应装设遮栏（围栏），并在相应部分装设警告标示牌，必要时，派人看管。”

续表 2－22

序号	安全风险	风险等级	预控措施	易发生的问题	规程规范要求
2	交通事故	一级	（1）人员站在道路边上，不得影响车辆通行。 （2）设置安全警示标志。 （3）设专人在会场两端拿颜色鲜艳的旗帜提醒过往车辆。 （4）禁止在铁路附近开会	（1）开工会在道路或路边上召开。 （2）开工会现场未设置围栏及安全警示标志，各种车辆较多，发生被撞交通事故	
		二级	（1）夜间施工，会议现场要有足够的照明设施。 （2）夜间施工，应设置灯光或反光安全警示标志。 （3）夜间施工，应设专人在会场两端手持灯光指示器提醒过往车辆	夜间施工，开工会现场灯光照明不足，反光安全警示不足，道路上行人或车辆误入开工会现场，发生交通事故	
3	高处坠落	一级	（1）会议地点尽量选择平坦地点或远离坑、井等临空面的地方。 （2）会议期间严肃纪律，不得拥挤。 （3）在坑、井等临空面处，应设置防护装置和安全警示标志。 （4）会议前详细介绍现场环境情况，对坑、井等临空面交代其具体位置和安全注意事项，对于站在距离坑、井等临空面较近的人员，应采取防坠落措施	（1）开工会未交代工作任务、人员分工、危险点、安全措施和安全注意事项。 （2）开工会未对人员进行提问滚落、坠落风险。 （3）开工会交代安全注意事项，人员未签字确认。 （4）开工会交代安全注意事项，人员签字确认有代签名情况	
4	溺水	一级	（1）会议地点尽量选择远离水域（江、河、湖、海等）岸边的地方。 （2）会议期间严肃纪律，不得拥挤。 （3）水域（江、河、湖、海等）岸边开会，应设置防护装置和安全警示标志。 （4）会议前详细介绍现场环境情况，交代水域（江、河、湖、海等）具体位置和安全注意事项，对于站在距离水域（江、河、湖、海等）较近的人员，应采取防落水措施。 （5）配备必要的落水施救器材	靠近水域（江、河、湖、海等）岸边发生落水事故，造成人员溺水	

（4）现场安全措施布置。本环节作业安全风险及预控措施见表 2－23。

表 2－23　　现场安全措施布置作业安全风险及预控措施

序号	安全风险	风险等级	预控措施	易发生的问题	规程规范要求
1	管理不到位	二级	（1）工作票上所列的安全措施应包括所有工作任务单上所列的安全措施。几个小组同时工作，使用工作任务单时，工作票的工作班成员栏内，可只填写各工作任务单的小组负责人姓名。工作任务单上应填写本工作小组人员姓名。 （2）工作票由工作负责人填写，也可由工作票签发人填写。应根据实际工作内容，办理相应类型的工作票，并由工作票签发人审核，手工或电子签发后方可执行。 （3）一张工作票中，工作票签发人、工作许可人和工作负责人三者不得为同一人。 （4）工作负责人需携带工作票、现场勘察记录、“三措”等资料到作业现场。 （5）工作负责人要正确组织工作，对工作班成员进行工作任务、安全措施交底和危险点告知。 （6）必须按照规定设立专责监护人，监护人要按照规定穿戴服装，专责人必须全程现场监护，并不得兼做其他工作。	（1）不按照工作票所列安全措施实施。 （2）使用的工作票（作业票）与实际工作不相符，工作票类型办理错误。 （3）工作负责人兼任工作许可人或从事其他施工工作。 （4）工作票不在施工现场。 （5）多日连续作业的工作票，没有履行每日安全交底签字手续。 （6）工作负责人对工作班成员分工模糊不明确。 （7）工作负责人对工作班成员身体状况、精神状态不明确。 （8）工作班成员未对工作任务和安全措施交底签字确认。 （9）未设立专责监护人。 （10）监护人不清楚监护范围和监护人员。 （11）专责监护人未穿标志服。 （12）专责监护人参与工程施工。 （13）专责监护人未全程在监护现场。 （14）作业现场安全围栏设置不规范，未全部封闭。 （15）部分现场围栏形同虚设，不能有效限制周围闲杂人员。	（1）《安全围栏设置规范》（鲁电安监〔2019〕416 号）： “1.4　同一作业任务的多个作业区域，每个作业区域应独立设置有唯一出口的围栏。 1.5　邻近通行道路作业，应在通行道路双向分别设置‘前方施工’‘车辆慢行’施工道路警示牌，必要时派人看管。 1.6　不满足围栏设置条件时，应在开工前一周向本单位安监部门报备并经书面批准许可，方可开展工作。 3　术语和定义 3.1　固定防护围栏 高度不低于 1700mm，材质为热镀锌钢网。 3.2　区域隔离围栏 高度为 1200mm，立柱高度为 1450mm，颜色为国网绿色（色号 3292C），材质为环氧树脂或 PE 等复合材料。 3.3　箱变隔离围栏 高度为 1500mm，颜色为黄色（色号 1375C），采用镀锌方钢管喷塑工艺制作。 3.4　伸缩型移动式围栏 高度为 1200mm，颜色为黄黑相间，材质为环氧树脂，每组单元长度为 4m。 3.5　施工道路警示牌 高度为 1200mm，由警示牌、边框和立柱组成，颜色为黄黑相间，材质为环氧树脂或 PE 等复合材料。

续表 2－23

序号	安全风险	风险等级	预控措施	易发生的问题	规程规范要求
1	管理 不到位	二级	（7）严格按照规程执行安全措施，应在工作地点四周装设围栏，其出入口要围至邻近道路旁边，并设有“从此进出！”标示牌。工作地点四周围栏上悬挂适当数量的“止步，高压危险！”标示牌，标示牌应朝向围栏里面。 （8）在人员密集或有人员通过的地段进行杆塔上作业时，作业点下方应按坠落半径设围栏或其他保护措施。 （9）重要道路、关键路口要布置针对性安全措施，安排专人看管。 （10）检修（施工）现场及周围的悬崖、陡坎、深坑、高压带电区等危险场所均应设可靠的防护设施及安全标志；坑、沟、孔洞等均应铺设符合安全要求的盖板或设可靠的围栏、挡板及安全标志。 （11）现场作业必须持标准化作业指导卡进行，不得无标准化作业指导卡作业。停电操作应使用倒闸操作票。停电操作应由两人进行，一人操作，一人监护，并认真执行唱票、复诵制。 （12）操作前检查安全工器具外观是否合格，应在试验周期内，合格证齐全。 （13）正确使用安全工器具（绝缘靴、绝缘手套、绝缘拉杆）。 （14）使用接地线前要进行外观检查。 （15）严格按照工作票所列内容悬挂接地线，不允许私自变更。	（16）在高压室内作业，运行设备没有全部装设围栏。 （17）监护现场措施（安全围栏、安全警示牌）未全面落实到位。 （18）杆塔上作业安全围栏不满足防坠落半径要求。 （19）涉及跨越道路、重要路口的检修（施工）任务，缺少针对性安全措施。 （20）检修（施工）地段及周围的孔洞、陡坎、悬崖等未设置围栏。 （21）擅自进行停电操作、无操作票（卡）或使用不合格的操作票操作（卡）、不进行模拟操作、不进行监护操作等。 （22）绝缘靴、绝缘手套、绝缘杆不合格或不按规定使用。 （23）接地线绝缘手柄损坏或缺失。 （24）工作现场挂接的接地线与工作票中所列的接地线编号不一致。 （25）现场装设接地线地点与工作票不一致。 （26）装设接地线位置与工作票实际不符。 （27）不按规定顺序操作，造成带负荷拉隔离开关。 （28）操作前、后未核对设备名称、编号和断路器、隔离开关的断、合位置，造成误操作。	7.1　高压试验时，采用伸缩型移动式围栏封闭加压设备和被试验设备，试验现场围栏与试验设备高压部分应有足够的安全距离。 7.3　室外大型机具、吊车等设备有安全风险的，应对设备作业面有安全风险的部位设置伸缩型移动式围栏。” （2）《国家电网公司电力安全工作规程（配电部分）（试行）》： “3.3.12.2　工作负责人职责 （1）正确组织工作。 （2）检查工作票所列安全措施是否正确完备，是否符合现场实际条件，必要时予以补充完善。 （3）工作前，对工作班成员进行工作任务、安全措施交底和危险点告知，并确认每个工作班成员都已签名。 （4）组织执行工作票所列由其负责的安全措施。 3.3.12.4　专责监护人职责 （1）明确被监护人员和监护范围。 （2）工作前，对被监护人员交待监护范围内的安全措施、告知危险点和安全注意事项。 （3）监督被监护人员遵守本规程和执行现场安全措施，及时纠正被监护人员的不安全行为。 3.5.4　专责监护人不得兼做其他工作。专责监护人临时离开时，应通知被监护人员止工作或离开工作现场，待专责监护人回来后方可恢复工作。专责监护人需长时间离开工作现场时，应由工作负责人变更专责监护人，履行变更手续，并告知全体被监护人员。

序号	安全风险	风险等级	预控措施	易发生的问题	规程规范要求
1	管理不到位	二级	（16）停电操作应按照先低压后高压，先断路器（开关）后隔离开关（刀闸）的顺序进行。 （17）操作前、后，均应检查核对现场设备名称、编号和断路器、隔离开关的断、合位置。 （18）低压配电线路和设备检修，应断开所有可能来电的电源（包括解开电源侧和用户侧连接线），对工作中有可能触碰的相邻带电线路、设备应采取停电或绝缘遮蔽措施。 （19）验电工作要使用相应电压等级并经试验合格的接触式验电器。 （20）高压验电前，验电器应先在有电设备上试验，确证验电器良好；无法在有电设备上试验时，可用工频高压发生器等确证验电器良好。低压验电前应先在低压有电部位上试验，以验证验电器或测电笔良好	（29）光伏接入点没有安排专人检查是否有明显断开点，线路有人工作时，未将停电线路的所有 T 接地点跌落式熔断器拉开并取下。 （30）绝缘手套、验电器不合格或不按规定使用，易造成人身触电。 （31）验电时不戴绝缘手套。 （32）验电前不在带电设备上检测验电器。 （33）装设接地线前不验电。 （34）减少施工现场接地线的使用，许可接地代替工作接地。 （35）不在工作地段两端装设接地线，当杆装设	4.2.1　工作地点，应停电的线路和设备。 4.2.1.5　有可能从低压侧向高压侧反送电的设备。 4.2.1.6　工作地段内有可能反送电的各分支线（包括用户，下同）。 4.2.1.7　其他需要停电的线路或设备。 4.2.4　现场为防止感应电或完善安全措施需加装接地线时，应明确装、拆人员，每次装、拆后应立即向工作负责人或小组负责人汇报，并在工作票中注明接地线的编号，装、拆的时间和位置。 4.3.2　高压验电前，验电器应先在有电设备上试验，确证验电器良好；无法在有电设备上试验时，可用工频高压发生器等确证验电器良好。低压验电前应先在低压有电部位上试验，以验证验电器或测电笔良好。 4.3.3　高压验电时，人体与被验电的线路、设备的带电部位应保持表 3－1 规定的安全距离。使用伸缩式验电器，绝缘棒应拉到位，验电时手应握在手柄处，不得超过护环，宜戴绝缘手套。 4.4.4　装设、拆除接地线应有人监护。 4.4.5　在配电线路和设备上，接地线的装设部位应是与检修线路和设备电相连去除油漆或绝缘层的导电部分。绝缘导线的接地线应装设在验电接地环上。

续表 2-23

序号	安全风险	风险等级	预控措施	易发生的问题	规程规范要求
1	管理 不到位	二级			4.4.7 作业人员应在接地线的保护范围内作业。禁止在无接地线或接地线装设不齐全的情况下进行高压检修作业。 4.4.8 装设、拆除接地线均应使用绝缘棒并戴绝缘手套，人体不得碰触接地线或未接地的导线。 4.5.7 高低压配电室、开闭所部分停电检修或新设备安装，应在工作地点两旁及对面运行设备间隔的遮栏（围栏）上和禁止通行的过道遮栏（围栏）上悬挂‘止步，高压危险！’标示牌。 4.5.8 配电站户外高压设备部分停电检修或新设备安装，应在工作地点四周装设围栏，其出入口要围至邻近道路旁边，并设有‘从此进出！’标示牌。工作地点四周围栏上悬挂适当数量的‘止步，高压危险！’标示牌，标示牌应朝向围栏里面。 4.5.12 城区、人口密集区或交通道口和通行道路上施工时，工作场所周围应装设遮栏（围栏），并在相应部位装设警告标示牌。必要时，派人看管。 5.2.6.1 倒闸操作前，应核对线路名称、设备双重名称和状态。 5.2.6.6 停电拉闸操作应按照断路器（开关）—负荷侧隔离开关（刀闸）—电源侧隔离开关（刀闸）的顺序依次进行，送电合闸操作应按与上述相反的顺序进行。禁止带负荷拉合隔离开关（刀闸）。”

（5）定点基础开挖。本环节作业安全风险及预控措施见表 2－24。

表 2－24　　　　定点基础开挖作业安全风险及预控措施

<table>
<tr><th>序号</th><th>安全风险</th><th>风险等级</th><th>预控措施</th><th>易发生的问题</th><th>规程规范要求</th></tr>
<tr><td>1</td><td>爆炸</td><td>一级</td><td>开挖前，应与有关地下管道、电缆等设施的主管单位取得联系，明确地下设施的确切位置，做好防护措施，并设监护人</td><td>（1）开挖前，未与有关主管部门取得联系，在未明确地下设施确切位置的情况下就进行开挖。
（2）碰触或损坏下水道、煤气管线等其他管线，引发事故</td><td rowspan="4">《国家电网公司电力安全工作规程（配电部分）（试行）》：
“6.1　坑洞开挖
6.1.1　挖坑前，应与有关地下管道、电缆等设施的主管单位取得联系，明确地下设施的确切位置，做好防护措施。
6.1.2　挖坑时，应及时清除坑口附近的浮土、石块，路面铺设材料和泥土应分别堆置，在堆置物堆起的斜坡上不得放置工具、材料等器物。
6.1.3　在超过 1.5m 深的基坑内作业时，向坑外抛掷土石应防止土石回落坑内，并做好防止土层塌方的临边防护措施。
6.1.4　在土质松软处挖坑，应有防止塌方措施，如加挡板、撑木等；不得站在挡板、撑木上传递土石或放置传土工具；禁止由下部掏挖土层。
6.1.5　在下水道、煤气管线、潮湿地、垃圾堆或有腐质物等附近挖坑时，应设监护人。在挖深超过 2m 的坑内工作时，应采取安全措施，如戴防毒面具、向坑中送风和持续检测等。监护人应密切注意挖坑人员，防止煤气、硫化氢等有毒气体中毒及沼气等可燃气体爆炸。
6.1.6　在居民区及交通道路附近开挖的基坑，应设坑盖或可靠遮栏，加挂警告标示牌，夜间挂红灯。
6.1.8　杆塔基础附近开挖时，应随时检查杆塔稳定性。若开挖影响杆塔的稳定性时，应在开挖的反方向加装临时拉线，开挖基坑未回填时禁止拆除临时拉线。”</td></tr>
<tr><td>2</td><td>中毒</td><td>一级</td><td>坑内人员应戴防毒面具，并向坑内送风和持续检测等，监护人应密切注意挖坑人员</td><td>（1）基坑超过 2.0m，坑内人员未戴防毒面具。
（2）基坑超过 2.0m，未向坑内送风或持续检测。
（3）基坑超过 2.0m，未设监护人或监护人离开</td></tr>
<tr><td>3</td><td>高空坠物</td><td>一级</td><td>（1）设坑盖或可靠遮栏，加挂警告标示牌，夜间挂红灯。
（2）向坑外抛掷土石应防止土石回落坑内，并加装挡板、撑木等</td><td>（1）在居民区或交通道路附近施工时，未设坑盖或可靠围栏。
（2）在居民区或交通道路附近施工时，未加挂警告标示牌，夜间未挂红灯、灯不亮或挂其他颜色灯。
（3）基坑超过 1.5m，发生土层塌方伤人。未采取防范措施，向坑外抛掷土石，未加装挡板、撑木等</td></tr>
<tr><td>4</td><td>杆塔倾倒</td><td>一级</td><td>随时检查杆塔稳定性。若开挖影响杆塔的稳定性时，应在开挖的反方向加装临时拉线。开挖基坑未回填时禁止拆除临时拉线</td><td>（1）没有随时检查杆塔稳定性。
（2）没有加装临时拉线。
（3）开挖基坑回填时就拆除临时拉线</td></tr>
</table>

（6）组立杆塔。本环节作业安全风险及预控措施见表 2-25。

表 2-25　　　　组立杆塔作业安全风险及预控措施

序号	安全风险	风险等级	预控措施	易发生的问题	规程规范要求
1	高空坠物	二级	（1）立杆前，应开好“马道”；作业人员应均匀分布在电杆两侧。 （2）使用吊车立、撤杆塔，钢丝绳套应挂在电杆的适当位置以防止电杆突然倾倒。 （3）整体立、撤杆塔前，应全面检查各受力、联结部位情况，全部满足要求方可起吊。 （4）已经立起的杆塔，回填夯实后方可撤去拉绳及叉杆。 （5）立、撤杆应设专人统一指挥。开工前，应交代施工方法、指挥信号和安全措施。 （6）立、撤杆塔时，禁止基坑内有人。除指挥人及指定人员外，其他人员应在杆塔高度的 1.2 倍距离以外。 （7）立杆及修整杆坑，应采用拉绳、叉杆等控制杆身倾斜、滚动	（1）立杆前，“马道”未布置好或布置不标准。 （2）作业人员没有均匀分布在电杆两侧或在电杆下方。 （3）钢丝绳套没有挂在电杆适当位置。 （4）起吊杆塔时，没有检查各受力、联结部位的情况。 （5）立起杆塔后，未进行回填或夯实不牢固就撤去拉绳及叉杆。 （6）立、撤杆时没有设专人统一指挥。 （7）开工前，未交代施工方法、指挥信号和安全措施。 （8）立、撤杆时，基坑内有人通过或逗留。 （9）立、撤杆时，指挥人员及指定人员以外的其他人员在杆塔高度 1.2 倍距离以内通过或逗留。 （10）立杆时，未采用拉绳、叉杆等控制杆身倾斜、滚动	（1）《国家电网公司电力安全工作规程（配电部分）（试行）》： “6.3　杆塔施工 6.3.1　立、撤杆应设专人统一指挥。开工前，应交代施工方法、指挥信号和安全措施。 6.3.2　居民区和交通道路附近立、撤杆，应设警戒范围或警告标志，并派人看守。 6.3.3　立、撤杆塔时，禁止基坑内有人。除指挥人及指定人员外，其他人员应在杆塔高度的 1.2 倍距离以外。 6.3.4　顶杆及叉杆只能用于竖立 8m 以下的拔梢杆，不得用铁锹、木桩等代用；立杆前，应开好‘马道’；作业人员应均匀分布在电杆两侧。 6.3.5　立杆及修整杆坑，应采用拉绳、叉杆等控制杆身倾斜、滚动。 6.3.6　使用临时拉线的安全要求： （1）不得利用树木或外露岩石作受力桩。 （2）一个锚桩上的临时拉线不得超过两根。 （3）临时拉线不得固定在有可能移动或其他不可靠的物体上。 （4）临时拉线绑扎工作应由有经验的人员担任。 （5）临时拉线应在永久拉线全部安装完毕承力后方可拆除。 （6）杆塔施工过程需要采用临时拉线过夜时，应对临时拉线采取加固和防盗措施。

续表 2－25

序号	安全风险	风险等级	预控措施	易发生的问题	规程规范要求
1	高空坠物	二级			6.3.8　使用吊车立、撤杆塔，钢丝绳套应挂在电杆的适当位置以防止电杆突然倾倒。撤杆时，应先检查有无卡盘或障碍物并试拔。 6.3.11　整体立、撤杆塔前，应全面检查各受力、联结部位情况，全部满足要求方可起吊。 6.3.12　在带电线路、设备附近立、撤杆塔，杆塔、拉线、临时拉线、起重设备、起重绳索应与带电线路、设备保持表 6－1 所规定的安全距离，且应有防止立、撤杆过程中拉线跳动和杆塔倾斜接近带电导线的措施。 6.3.13　已经立起的杆塔，回填夯实后方可撤去拉绳及叉杆。” （2）《国家电网公司电力安全工作规程（电网建设部分）（试行）》： “9.2　钢筋混凝土电杆排杆 9.2.1　滚动杆段时滚动前方不应有人。杆段顺向移动时，应随时将支垫处用木楔掩牢。 9.2.2　用棍、杠撬拨杆段时，应防止其滑脱伤人。不得用铁撬棍插入预埋孔转动杆段。 9.2.3　排杆处地形不平或土质松软，应先平整或支垫坚实，必要时杆段应用绳索锚固。 9.2.4　杆段应支垫两点，支垫处两侧应用木楔掩牢。 9.2.5　作业点周围 5m 内的易燃易爆物应清除干净。 9.2.6　对两端封闭的钢筋混凝土电杆，应先在其一端凿排气孔，然后施焊，焊接结束应及时采取防腐措施。”

续表 2－25

序号	安全风险	风险等级	预控措施	易发生的问题	规程规范要求
2	杆塔倾倒	二级	（1）不得利用树木或外露岩石作受力桩。 （2）一个锚桩上的临时拉线不得超过两根。 （3）临时拉线不得固定在有可能移动或其他不可靠的物体上。 （4）临时拉线绑扎工作应由有经验的人员担任。 （5）临时拉线应在永久拉线全部安装完毕承力后方可拆除。 （6）杆塔施工过程需要采用临时拉线过夜时，应对临时拉线采取加固和防盗措施。 （7）在居民区和交通道路附近立、撤杆，应设警戒范围或警告标志，并派人看守。 （8）杆塔组立时，吊车应装设接地线。严禁吊臂误碰带电部位。 （9）在带电线路、设备附近立、撤杆塔，杆塔、拉线、临时拉线、起重设备、起重绳索应与带电线路、设备保持《国家电网公司电力安全工作规程（配电部分）（试行）》表 6－1 所规定的安全距离，且应有防止立、撤杆过程中拉线跳动和杆塔倾斜接近带电导线的措施	（1）用树木或外露岩石作受力桩。 （2）一个锚桩上的临时拉线超过两根。 （3）临时拉线固定在有可能移动或其他不可靠的物体上。 （4）临时拉线绑扎工作随意找人担任。 （5）永久拉线还没有安装完毕就拆除临时拉线。 （6）采用临时拉线过夜时，没有对临时拉线采取加固和防盗措施。 （7）在居民区和交通道路附近立、撤杆，没有设警戒范围或警告标志。 （8）在居民区和交通道路附近立、撤杆，作业地点周围没有派人看守。 （9）吊车没有装设接地线。 （10）吊车操作时未观察周围情况，吊臂误碰带电部位。 （11）杆塔、拉线、临时拉线、起重设备、起重绳索没有与带电线路、设备保持安全距离。 （12）没有做防止拉线跳动和杆塔倾斜接近带电导线的安全措施	
3	杆塔断裂	二级	杆塔组立时，用吊车立杆，设专人指挥，正确使用吊车，防止杆塔损坏和人身伤害	未设专人指挥，造成人身伤害和杆塔损伤	

续表 2-25

序号	安全风险	风险等级	预控措施	易发生的问题	规程规范要求
4	触电	二级	（1）在带电线路、设备附近立、撤杆塔，杆塔、拉线、临时拉线、起重设备、起重绳索须与带电线路、设备保持《国家电网公司电力安全工作规程（配电部分）（试行）》表 6-1 所规定的安全距离，且设有防止立、撤杆过程中拉线跳动和杆塔倾斜接近带电导线的措施。 （2）杆塔组立时，吊车应装设接地线，严禁吊臂误碰带电部位。 （3）排杆、焊接使用发电机等焊接设备时采取防触电措施，焊接人员应采取防护措施	（1）杆塔、拉线、临时拉线、起重设备、起重绳索没有与带电线路、设备保持安全距离。 （2）没有做防止拉线跳动和杆塔倾斜接近带电导线的安全措施。 （3）吊车没有装设接地线。 （4）吊臂误碰带电部位。 （5）没有采取防触电措施。 （6）焊接人员没有采取防护措施	

（7）铁附件安装。本环节作业安全风险及预控措施见表 2-26。

表 2-26　　铁附件安装作业安全风险及预控措施

序号	安全风险	风险等级	预控措施	易发生的问题	规程规范要求
1	高处坠落	二级	（1）正确使用安全带（绳），防止高处坠落。 （2）攀登杆塔、杆塔上移位及杆塔上作业时，手扶的构件应牢固，不得失去安全保护，并有防止安全带从杆顶脱出或被锋利物损坏的措施。	（1）作业人员未系安全带，发生高处坠落。 （2）手扶的构件不牢固，失去安全保护，发生高处坠落。 （3）没有防止安全带从杆顶脱出或被锋利物损坏的措施，发生高处坠落。	（1）《国家电网公司电力安全工作规程（配电部分）（试行）》： “6.2　杆塔上作业 6.2.1　登杆塔前，应做好以下工作： （1）核对线路名称和杆号。 （2）检查杆根、基础和拉线是否牢固。 （3）检查杆塔上是否有影响攀登的附属物。

续表 2-26

序号	安全风险	风险等级	预控措施	易发生的问题	规程规范要求
1	高处坠落	二级	（3）在杆塔上作业时，须使用有后备保护绳或速差自锁器的双控背带式安全带，安全带和保护绳应分挂在杆塔不同部位的牢固构件上。 （4）相邻杆塔不得同时在同相（极）位安装附件，作业点垂直下方不得有人。 （5）附件安装时，安全绳或速差自控器应拴在横担主材上。安装间隔棒时，安全带应挂在一根子导线上，后备保护绳应拴在整相导线上。 （6）上横担前，应检查横担腐蚀情况、联结是否牢固，检查时安全带（绳）应系在主杆或牢固的构件上	（4）没有使用有后备保护绳或速差自锁器的双控背带式安全带。 （5）安全带和保护绳挂在同一部位的构件上。 （6）在同相（极）位安装附件。 （7）安全带没有挂在一根子导线上，后备保护绳没有拴在整相导线上。 （8）没有检查横担腐蚀情况、联结是否牢固	（4）遇有冲刷、起土、上拔或导地线、拉线松动的杆塔，应先培土加固、打好临时拉线或支好架杆。 （5）检查登高工具、设施（如脚扣、升降板、安全带、梯子和脚钉、爬梯、防坠装置等）是否完整牢靠。 （6）攀登有覆冰、积雪、积霜、雨水的杆塔时，应采取防滑措施。 （7）攀登过程中应检查横向裂纹和金具锈蚀情况。 6.2.2 杆塔作业应禁止以下行为： （1）攀登杆基未完全牢固或未做好临时拉线的新立杆塔。 （2）携带器材登杆或在杆塔上移位。 （3）利用绳索、拉线上下杆塔或顺杆下滑。 6.2.3 杆塔上作业应注意以下安全事项： （1）作业人员攀登杆塔、杆塔上移位及杆塔上作业时，手扶的构件应牢固，不得失去安全保护，并有防止安全带从杆顶脱出或被锋利物损坏的措施。 （2）在杆塔上作业时，宜使用有后备保护绳或速差自锁器的双控背带式安全带，安全带和保护绳应分挂在杆塔不同部位的牢固构件上。 （3）上横担前，应检查横担腐蚀情况、联结是否牢固，检查时安全带（绳）应系在主杆或牢固的构件上。 （4）在人员密集或有人员通过的地段进行杆塔上作业时，作业点下方应按坠落半径设围栏或其他保护措施。
2	高空坠物	二级	（1）在人员密集或有人员通过的地段进行杆塔上作业时，作业点下方应按坠落半径设围栏或其他保护措施。 （2）杆塔上下无法避免垂直交叉作业时，应做好防落物伤人的措施，作业时要相互照应，密切配合。 （3）杆塔上作业时不得从事与工作无关的活动。 （4）工具或材料应放在工具袋内或用绳索绑扎，上下传递物品应使用绳索，严禁抛掷，防止高处坠物伤人。 （5）杆上作业，工器具、横担应放置牢固、严禁上下抛掷，严禁有人在作业点下方行走或站立	（1）作业点下方没有设围栏或其他保护措施。 （2）杆塔上作业，没有做好防落物伤人的措施。 （3）杆塔上作业人员从事与工作无关的活动。 （4）工具放置不牢固，落物伤人。 （5）作业点下方有人行走或站立	

序号	安全风险	风险等级	预控措施	易发生的问题	规程规范要求
3	触电	二级	附件安装前，作业人员应对专用工具和安全用具进行外观检查，不符合要求者不得使用	没有对专用工具和安全用具进行外观检查，造成外壳或导线漏电，导致人身触电	（5）杆塔上下无法避免垂直交叉作业时，应做好防落物伤人的措施，作业时要相互照应，密切配合。 （6）杆塔上作业时不得从事与工作无关的活动。 6.2.4　在杆塔上使用梯子或临时工作平台，应将两端与固定物可靠连接，一般应由一人在其上作业。 6.2.5　雷电时，禁止线路杆塔上作业。” （2）《国家电网公司电力安全工作规程（电网建设部分）（试行）》： “10.7　附件安装 10.7.1　附件安装前，作业人员应对专用工具和安全用具进行外观检查，不符合要求者不得使用。 10.7.2　相邻杆塔不得同时在同相（极）位安装附件，作业点垂直下方不得有人。 10.7.4　附件安装时，安全绳或速差自控器应拴在横担主材上。安装间隔棒时，安全带应挂在一根子导线上，后备保护绳应拴在整相导线上。 10.7.5　在跨越电力线、铁路、公路或通航河流等的线段杆塔上安装附件时，应采取防止导线或地线坠落的措施。”

（8）拉线制作安装。本环节作业安全风险及预控措施见表2－27。

表2－27　　拉线制作安装作业安全风险及预控措施

序号	安全风险	风险等级	预控措施	易出现的问题	规程规范要求
1	物体打击	一级	制作拉线时，人员配合应协调一致，防止钢绞线反弹造成人身伤害	钢绞线反弹，造成人身伤害	《国家电网公司电力安全工作规程（配电部分）（试行）》： “6.2　杆塔上作业 6.2.1　登杆塔前，应做好以下工作： （1）核对线路名称和杆号。 （2）检查杆根、基础和拉线是否牢固。 （3）检查杆塔上是否有影响攀登的附属物。 （4）遇有冲刷、起土、上拔或导地线、拉线松动的杆塔，应先培土加固、打好临时拉线或支好架杆。 （5）检查登高工具、设施（如脚扣、升降板、安全带、梯子和脚钉、爬梯、防坠装置等）是否完整牢靠。 （6）攀登有覆冰、积雪、积霜、雨水的杆塔时，应采取防滑措施。 （7）攀登过程中应检查横向裂纹和金具锈蚀情况。 6.2.3　杆塔上作业应注意以下安全事项： （1）作业人员攀登杆塔、杆塔上移位及杆塔上作业时，手扶的构件应牢固，不得失去安全保护，并有防止安全带从杆顶脱出或被锋利物损坏的措施。 （2）在杆塔上作业时，宜使用有后备保护绳或速差自锁器的双控背带式安全带，安全带和保护绳应分挂在杆塔不同部位的牢固构件上。
2	高处坠落	二级	（1）作业人员攀登杆塔、杆塔上移位及杆塔上作业时，手扶的构件应牢固，不得失去安全保护，并有防止安全带从杆顶脱出或被锋利物损坏的措施。 （2）在杆塔上作业时，使用有后备保护绳或速差自锁器的双控背带式安全带，安全带和保护绳须分挂在杆塔不同部位的牢固构件上。 （3）上横担前，检查横担腐蚀情况、联结是否牢固，检查时安全带（绳）系在主杆或牢固的构件上。 （4）在人员密集或有人员通过的地段进行杆塔上作业时，作业点下方按坠落半径设围栏或其他保护措施。 （5）杆塔上下无法避免垂直交叉作业时，做好防落物伤人的措施，作业时要相互照应，密切配合。 （6）杆塔上作业时不得从事与工作无关的活动	（1）手扶的构件不牢固，失去安全保护。 （2）没有防止安全带从杆顶脱出或被锋利物损坏的措施。 （3）没有使用有后备保护绳或速差自锁器的双控背带式安全带。 （4）安全带和保护绳挂在同一部位的构件上，没有检查横担腐蚀情况、联结是否牢固。 （5）作业点下方没有设围栏或其他保护措施。 （6）没有做好防落物伤人的措施。 （7）作业人员从事与工作无关的活动	

续表 2－27

序号	安全风险	风险等级	预控措施	易出现的问题	规程规范要求
3	高空坠物	二级	传递工具、拉线抱箍及拉线时须拴牢，防止坠物伤人	工具或金具发生掉落，落物伤人	（3）上横担前，应检查横担腐蚀情况、联结是否牢固，检查时安全带（绳）应系在主杆或牢固的构件上。 （4）在人员密集或有人员通过的地段进行杆塔上作业时，作业点下方应按坠落半径设围栏或其他保护措施。 （5）杆塔上下无法避免垂直交叉作业时，应做好防落物伤人的措施，作业时要相互照应，密切配合。 （6）杆塔上作业时不得从事与工作无关的活动。”

（9）导线展放。本环节作业安全风险及预控措施见表 2－28。

表 2－28　　导线展放作业安全风险及预控措施

序号	安全风险	风险等级	预控措施	易发生的问题	规程规范要求
1	高空坠物	二级	（1）放线工作，均应有专人统一指挥，统一信号。 （2）放线时，人员不得站在或跨在已受力的牵引绳、导线的内侧和展放的导、地线圈内以及牵引绳或架空线的垂直下方，防止意外跑线时被抽伤。 （3）展放跨越带电线路的导（地）线时，应做好停电、验电、装设接地线的安全措施，电力线路管理单位应给施工工作负责人签发工作任务单（第二种现场标准化作业指导卡）。 （4）施工人员要在现场看到已装设的接地线并做好保护导线的措施后，方可进行跨越放线工作	（1）放导（地）线时，导（地）线失控造成人身伤害。 （2）放导（地）线时，跨越电力线路未做好安全措施，造成人员触电	（1）《国家电网公司电力安全工作规程（配电部分）（试行）》： “6.2　杆塔上作业 6.2.1　登杆塔前，应做好以下工作： （1）核对线路名称和杆号。 （2）检查杆根、基础和拉线是否牢固。 （3）检查杆塔上是否有影响攀登的附属物。 （4）遇有冲刷、起土、上拔或导地线、拉线松动的杆塔，应先培土加固、打好临时拉线或支好架杆。 （5）检查登高工具、设施（如脚扣、升降板、安全带、梯子和脚钉、爬梯、防坠装置等）是否完整牢靠。

续表 2-28

序号	安全风险	风险等级	预控措施	易发生的问题	规程规范要求
1	高空坠物	二级			（6）攀登有覆冰、积雪、积霜、雨水的杆塔时，应采取防滑措施。 （7）攀登过程中应检查横向裂纹和金具锈蚀情况。 6.2.2　杆塔作业应禁止以下行为： （1）攀登杆基未完全牢固或未做好临时拉线的新立杆塔。 （2）携带器材登杆或在杆塔上移位。 （3）利用绳索、拉线上下杆塔或顺杆下滑。 6.2.3　杆塔上作业应注意以下安全事项： （1）作业人员攀登杆塔、杆塔上移位及杆塔上作业时，手扶的构件应牢固，不得失去安全保护，并有防止安全带从杆顶脱出或被锋利物损坏的措施。 （2）在杆塔上作业时，宜使用有后备保护绳或速差自锁器的双控背带式安全带，安全带和保护绳应分挂在杆塔不同部位的牢固构件上。 （3）上横担前，应检查横担腐蚀情况、联结是否牢固，检查时安全带（绳）应系在主杆或牢固的构件上。 （4）在人员密集或有人员通过的地段进行杆塔上作业时，作业点下方应按坠落半径设围栏或其他保护措施。 （5）杆塔上下无法避免垂直交叉作业时，应做好防落物伤人的措施，作业时要相互照应，密切配合。 （6）杆塔上作业时不得从事与工作无关的活动。 6.2.4　在杆塔上使用梯子或临时工作平台，应将两端与固定物可靠连接，一般应由一人在其上作业。

序号	安全风险	风险等级	预控措施	易发生的问题	规程规范要求
1	高空坠物	二级			6.2.5 雷电时，禁止线路杆塔上作业。” （2）《国家电网公司电力安全工作规程（电网建设部分）（试行）》： “10.2.3 放线滑车使用前应进行外观检查。带有开门装置的放线滑车，应有关门保险。 10.2.4 线盘架应稳固，转动灵活，制动可靠。必要时打上临时拉线固定。 10.2.5 穿越滑车的引绳应根据导、地线的规格选用。引绳与线头的连接应牢固。穿越时，作业人员不得站在导线、地线的垂直下方。 10.2.6 线盘或线圈展放处，应设专人传递信号。 10.2.7 作业人员不得站在线圈内操作。线盘或线圈接近放完时，应减慢牵引速度。 10.2.8 架线时，除应在杆塔处设监护人外，对被跨越的房屋、路口、河塘、裸露岩石及跨越架和人畜较多处均应派专人监护。 10.2.9 导线、地线（光缆）被障碍物卡住时，作业人员应站在线弯的外侧，并应使用工具处理，不得直接用手推拉。 10.2.10 人力放线应遵守下列规定： a）领线人应由技工担任，并随时注意前后信号。拉线人员应走在同一直线上，相互间保持适当距离。 b）通过河流或沟渠时，应由船只或绳索引渡。 c）通过陡坡时，应防止滚石伤人。遇悬崖险坡应采取先放引绳或设扶绳等措施。

续表 2－28

序号	安全风险	风险等级	预控措施	易发生的问题	规程规范要求
2	触电	二级	（1）放线工作中使用的跨越架与被跨电力线路应保持足够的安全距离，110kV 不小于 3.0m，35kV 不小于 2.5m，10kV 不小于 1.0m，否则应停电搭设。 （2）穿越带电线路时，为防止牵引绳、导线在牵引过程中弹跳，必须按照跨越技术要求做好封线措施，并设专责监护人负责。 （3）牵引绳穿越带电线路时，为防止感应电压伤人，所使用的牵引车、牵引绳等工器具必须先可靠接地。 （4）穿越带电线路时，为防止感应电压伤人，每根导线在挂线时必须使用个人保安线接地。挂线结束脱离导（地）线后拆除个人保安线	（1）放导线时，使用的跨越架与被跨电力线路距离不够，造成人员触电伤害。 （2）放导（地）线穿越带电线路，未采取防弹跳措施，发生人身触电。 （3）用牵引车放线时，牵引绳穿越带电线路，牵引绳未接地，发生感应电压伤人	d）通过竹林区时，应防止竹桩或树桩尖扎脚。 10.2.11　机械牵引放线应遵守下列规定： a）人力展放导引绳或牵引绳应遵守本规程 10.2.10 的有关规定。 b）导引绳或牵引绳的连接应用专用连接工具。牵引绳与导线、地线（光缆）连接应使用专用连接网套或专用牵引头。”
3	杆塔倾倒	二级	（1）跨越道路时，按照跨越要求搭设牢固可靠的跨越架，高度必须满足过往车辆、行人通过的有关规定，并提前联系交警人员现场指挥交通。 （2）在施工现场两侧 100m 处分别设置“前方施工，禁止通行”警示标志，提醒过往车辆和行人减速慢行，派专责监护人看守，防止各种车辆拖拽导线，拉倒杆塔	导线跨越道路时未封堵路口、未搭设跨越架，造成交通事故	

序号	安全风险	风险等级	预控措施	易发生的问题	规程规范要求
4	机械伤害	二级	（1）同杆架设的多回线路放线时，应先放上层、后放下层，或左右同时放线。 （2）尽量避免上下同时放线。 （3）牵引车、张力机必须放置平稳，锚固必须可靠，受力前方不得有人。锚固绳必须有防滑动措施。 （4）牵引车、张力机不得放置在导（地）线的下方，必须设在线路的外侧，避免导（地）线掉落砸伤工作人员。 （5）牵引绳必须从卷筒下方卷入，排列整齐，并与卷筒垂直，在卷筒上不得少于5圈。钢绞线不得进入卷筒。导向滑车应对正卷筒中心。 （6）滑车与卷筒的距离：光面卷筒不应小于卷筒长度的20倍，有槽卷筒不应小于卷筒长度的15倍。 （7）手动钳压器有固定设施，操作时放置平稳；两侧扶线人应对准位置，手指不得伸入压模内。 （8）切割导线时线头应扎牢，并防止线头回弹伤人。 （9）液压机启动后，先空载运行检查各部位运行情况正常后方可使用；液压钳活塞起落时，人体不得位于压接钳上方。 （10）放入顶盖时，必须使顶盖与钳体完全吻合；严禁在未旋转到位的状态下压接。 （11）液压泵操作人员应与压接钳操作人员密切配合，并注意压力指示，不得过负载	（1）同杆架设的多回线路放线时，方法不当造成磨线或导线缠绕。 （2）用牵引车放线时，工器具操作不当造成人员伤害	

（10）紧线绑扎。本环节作业安全风险及预控措施见表 2－29。

表 2－29　　　　紧线绑扎作业安全风险及预控措施

序号	安全风险	风险等级	预控措施	易发生的问题	规程规范要求
1	杆塔倾倒	二级	（1）紧导（地）线前应检查拉线、杆根，必要时应加设临时拉线加固。 （2）紧导（地）线前应检查接线管或接线头有无卡住现象。如有，应松线后处理。处理时操作人员应站在卡线处外侧，采用工具撬、拉导线，严禁用手直接拉、推导线。 （3）牵引锚桩距紧线杆塔的水平距离应满足安全施工技术的规定；锚桩布置与受力方向一致，并埋设可靠。 （4）紧线工作均应有专人统一指挥，统一信号。 （5）紧线时通信必须畅通、清晰；若采用旗语时，打旗语人应站在前后通视的位置上，且旗语必须统一。严禁在无通信联络及视野不清的情况下紧线	（1）紧导（地）线前不检查拉线、杆根、牵引锚桩、接线管或接线头有无卡住现象，造成倒杆、断线，导致人身伤害。 （2）通信不畅通导致过牵引造成倒杆、断线，造成人身伤害	《国家电网公司电力安全工作规程（电网建设部分）（试行）》： “10.6.1　紧线的准备工作应遵守下列规定： a）杆塔的部件应齐全，螺栓应紧固。 b）紧线杆塔的临时拉线和补强措施以及导线、地线的临锚应准备完毕。 10.6.3　紧线前应具备下列条件： a）紧线档内的通信应畅通。 b）埋入地下或临时绑扎的导线、地线应挖出或解开，并压接升空。 c）障碍物以及导线、地线跳槽等应处理完毕。 d）分裂导线不得相互绞扭。 e）各交叉跨越处的安全措施可靠。 f）冬季施工时，导线、地线被冻结处应处理完毕。 10.6.4　紧线过程中监护人员应遵守下列规定： a）不得站在悬空导线、地线的垂直下方。 b）不得跨越将离地面的导线或地线。 c）监视行人不得靠近牵引中的导线或地线。 d）传递信号应及时、清晰，不得擅自离岗。 10.6.7　耐张线夹安装应遵守下列规定：
2	机械伤害	二级	（1）紧导（地）线时应采用卡线器，卡线器的规格必须与线材规格匹配，不得随意代用。 （2）用活络扳手紧固吊线夹螺钉时用力过猛，活络扳手失控易造成人身伤害	（1）卡线器选择不当，造成跑线事故。 （2）用活络扳手紧固吊线夹螺钉时用力过猛，活络扳手失控伤人	
3	触电	二级	紧穿越带电线路的导线时，为防止牵引绳、导线在紧线过程中弹跳，必须按照跨越技术要求做好封线措施，设专人监护	紧穿越带电线路的导（地）线时，未采取防弹跳措施，发生人身触电	

续表 2－29

序号	安全风险	风险等级	预控措施	易发生的问题	规程规范要求
4	导线脱落	二级	（1）同杆架设的多回线路紧线时，应左右同时紧，无横担转角时应先紧上层、后紧下层。 （2）严禁上下层同时紧线	同杆架设的多回线路紧线时，方法不当造成导线脱落	a）高处安装螺栓式线夹时，应将螺栓装齐拧紧后方可回松牵引绳。 b）高处安装耐张线夹时，应采取防止跑线的可靠措施。 c）在杆塔上割断的线头应用绳索放下。 d）地面安装耐张线夹时，导线、地线的锚固应可靠。 10.6.8　挂线时，当连接金具接近挂线点时应停止牵引，然后作业人员方可从安全位置到挂线点操作。 10.6.9　挂线后应缓慢回松牵引绳，在调整拉线的同时应观察耐张金具串和杆塔的受力变形情况。”

（11）绝缘子安装。本环节作业安全风险及预控措施见表 2－30。

表 2－30　　绝缘子安装作业安全风险及预控措施

序号	安全风险	风险等级	预控措施	易发生的问题	规程规范要求
1	高处坠落	二级	（1）正确使用安全带（绳），防止高处坠落。 （2）攀登杆塔、杆塔上移位及杆塔上作业时，手扶的构件应牢固，不得失去安全保护，并有防止安全带从杆顶脱出或被锋利物损坏的措施。 （3）在杆塔上作业时，宜使用有后备保护绳或速差自锁器的双控背带式安全带，安全带和保护绳应分挂在杆塔不同部位的牢固构件上。	（1）未正确使用安全带（绳）。 （2）手扶的构件不牢固，失去安全保护，造成高处坠落。 （3）没有防止安全带从杆顶脱出或被锋利物损坏的措施。 （4）没有使用有后备保护绳或速差自锁器的双控背带式安全带。	《国家电网公司电力安全工作规程（配电部分）（试行）》： “6.2　杆塔上作业 6.2.1　登杆塔前，应做好以下工作： （1）核对线路名称和杆号。 （2）检查杆根、基础和拉线是否牢固。 （3）检查杆塔上是否有影响攀登的附属物。

续表 2－30

序号	安全风险	风险等级	预控措施	易发生的问题	规程规范要求
1	高处坠落	二级	（4）上横担前，应检查横担腐蚀情况、联结是否牢固，检查时安全带（绳）应系在主杆或牢固的构件上	（5）安全带和保护绳挂在同一部位的构件上。 （6）未检查横担腐蚀情况、联结是否牢固	（4）遇有冲刷、起土、上拔或导地线、拉线松动的杆塔，应先培土加固、打好临时拉线或支好架杆。 （5）检查登高工具、设施（如脚扣、升降板、安全带、梯子和脚钉、爬梯、防坠装置等）是否完整牢靠。 （6）攀登有覆冰、积雪、积霜、雨水的杆塔时，应采取防滑措施。 （7）攀登过程中应检查横向裂纹和金具锈蚀情况。 6.2.2 杆塔作业应禁止以下行为： （1）攀登杆基未完全牢固或未做好临时拉线的新立杆塔。 （2）携带器材登杆或在杆塔上移位。 （3）利用绳索、拉线上下杆塔或顺杆下滑。 6.2.3 杆塔上作业应注意以下安全事项： （1）作业人员攀登杆塔、杆塔上移位及杆塔上作业时，手扶的构件应牢固，不得失去安全保护，并有防止安全带从杆顶脱出或被锋利物损坏的措施。 （2）在杆塔上作业时，宜使用有后备保护绳或速差自锁器的双控背带式安全带，安全带和保护绳应分挂在杆塔不同部位的牢固构件上。 （3）上横担前，应检查横担腐蚀情况、联结是否牢固，检查时安全带（绳）应系在主杆或牢固的构件上。 （4）在人员密集或有人员通过的地段进行杆塔上作业时，作业点下方应按坠落半径设围栏或其他保护措施。
2	高空落物	二级	（1）在人员密集或有人员通过的地段进行杆塔上作业时，作业点下方应按坠落半径设围栏或其他保护措施。 （2）杆塔上下无法避免垂直交叉作业时，应做好防落物伤人的措施，作业时要相互照应，密切配合。 （3）杆塔上作业时不得从事与工作无关的活动。 （4）高空作业工具应放置牢固，禁止上下抛掷，防止落物伤人	（1）作业点下方没有设围栏或其他保护措施。 （2）未做好防落物伤人的措施。 （3）作业人员从事与工作无关的活动。 （4）工具放置不牢固	
3	导线脱落	二级	金具螺栓应紧固并采取后备保护措施，防止导线脱落	发生导线脱落	

续表 2-30

序号	安全风险	风险等级	预控措施	易发生的问题	规程规范要求
3	导线脱落	二级			（5）杆塔上下无法避免垂直交叉作业时，应做好防落物伤人的措施，作业时要相互照应，密切配合。 （6）杆塔上作业时不得从事与工作无关的活动。 6.2.4 在杆塔上使用梯子或临时工作平台，应将两端与固定物可靠连接，一般应由一人在其上作业。 6.2.5 雷电时，禁止线路杆塔上作业。”

（12）引流线安装。本环节作业安全风险及预控措施见表 2-31。

表 2-31　　引流线安装作业安全风险及预控措施

序号	安全风险	风险等级	预控措施	易发生的问题	规程规范要求
1	高空坠落	二级	（1）正确使用安全带（绳）、后备绳，防止高空坠落 （2）攀登杆塔、杆塔上移位及杆塔上作业时，手扶的构件应牢固，不得失去安全保护，并有防止安全带从杆顶脱出或被锋利物损坏的措施。 （3）在杆塔上作业时，须使用有后备保护绳或速差自锁器的双控背带式安全带，安全带和保护绳应分挂在杆塔不同部位的牢固构件上。 （4）上横担前，应检查横担腐蚀情况、联结是否牢固，检查时安全带（绳）应系在主杆或牢固的构件上。	（1）未正确使用安全带（绳）。 （2）手扶的构件不牢固，失去安全保护，造成高空坠落。 （3）没有采取防止安全带从杆顶脱出或被锋利物损坏的措施。 （4）没有使用有后备保护绳或速差自锁器的双控背带式安全带。 （5）安全带和保护绳挂在同一部位的构件上。 （6）上横担前，未检查横担腐蚀情况、联结是否牢固。 （7）作业点下方没有设围栏或其他保护措施。 （8）未做好防落物伤人的措施。 （9）作业人员从事与工作无关的活动	《国家电网公司电力安全工作规程（配电部分）（试行）》： “6.2 杆塔上作业 6.2.1 登杆塔前，应做好以下工作： （1）核对线路名称和杆号。 （2）检查杆根、基础和拉线是否牢固。 （3）检查杆塔上是否有影响攀登的附属物。 （4）遇有冲刷、起土、上拔或导地线、拉线松动的杆塔，应先培土加固、打好临时拉线或支好架杆。 （5）检查登高工具、设施（如脚扣、升降板、安全带、梯子和脚钉、爬梯、防坠装置等）是否完整牢靠。 （6）攀登有覆冰、积雪、积霜、雨水的杆塔时，应采取防滑措施。

续表 2－31

<table>
<tr><th>序号</th><th>安全风险</th><th>风险等级</th><th>预控措施</th><th>易发生的问题</th><th>规程规范要求</th></tr>
<tr><td>1</td><td>高空坠落</td><td>二级</td><td>（5）在人员密集或有人员通过的地段进行杆塔上作业时，作业点下方应按坠落半径设围栏或其他保护措施。
（6）杆塔上下无法避免垂直交叉作业时，应做好防落物伤人的措施，作业时要相互照应，密切配合。
（7）杆塔上作业时不得从事与工作无关的活动</td><td></td><td rowspan="2">（7）攀登过程中应检查横向裂纹和金具锈蚀情况。
6.2.2　杆塔作业应禁止以下行为：
（1）攀登杆基未完全牢固或未做好临时拉线的新立杆塔。
（2）携带器材登杆或在杆塔上移位。
（3）利用绳索、拉线上下杆塔或顺杆下滑。
6.2.3　杆塔上作业应注意以下安全事项：
（1）作业人员攀登杆塔、杆塔上移位及杆塔上作业时，手扶的构件应牢固，不得失去安全保护，并有防止安全带从杆顶脱出或被锋利物损坏的措施。
（2）在杆塔上作业时，宜使用有后备保护绳或速差自锁器的双控背带式安全带，安全带和保护绳应分挂在杆塔不同部位的牢固构件上。
（3）上横担前，应检查横担腐蚀情况、联结是否牢固，检查时安全带（绳）应系在主杆或牢固的构件上。
（4）在人员密集或有人员通过的地段进行杆塔上作业时，作业点下方应按坠落半径设围栏或其他保护措施。
（5）杆塔上下无法避免垂直交叉作业时，应做好防落物伤人的措施，作业时要相互照应，密切配合。
（6）杆塔上作业时不得从事与工作无关的活动。
6.2.4　在杆塔上使用梯子或临时工作平台，应将两端与固定物可靠连接，一般应由一人在其上作业。
6.2.5　雷电时，禁止线路杆塔上作业。”</td></tr>
<tr><td>2</td><td>高空落物</td><td>二级</td><td>（1）杆上作业，工器具、横担应放置牢固，严禁上下抛掷，严禁有人在作业下方行走或站立。设置必要的围栏、警示标志。
（2）金具螺栓应紧固并采取后备保护措施，防止导线脱落</td><td>发生导线脱落，工器具、材料等高处落物伤人</td></tr>
</table>

（13）标示牌（杆号牌、相序牌、安全警示牌、设备标示牌等）安装。本环节作业安全风险及预控措施见表2－32。

表2－32　　标示牌安装作业安全风险及预控措施

序号	安全风险	风险等级	预控措施	易出现的问题	规程规范要求
1	高处坠落	二级	（1）梯子牢固完整，有防滑措施。梯子的支柱能承受作业人员及所携带的工具、材料的总重量。 （2）硬质梯子的横档嵌在支柱上，梯阶的距离不大于400mm，并在距梯顶1m处设限高标志。 （3）使用单梯工作时，梯子与地面的斜角度为60°左右。 （4）梯子不得绑接使用；人字梯须有限制开度的措施。 （5）人在梯子上时，禁止移动梯子。 （6）上下梯子要有专人扶持或绑牢	（1）使用不合格的登高梯子或携带重物登梯，导致梯子断裂，造成人员摔伤。 （2）高处作业时不正确使用梯子或无人扶梯，导致梯子歪倒、翻倒或滑倒，造成人员摔伤	《国家电网公司电力安全工作规程（配电部分）（试行）》： “3.3.7　可使用其他书面记录或按口头、电话命令执行的工作。 3.3.7.4　涂写杆塔号、安装标示牌等工作地点在杆塔最下层导线以下，并能够保持表3－1安全距离的工作。 17.4　梯子 17.4.1　梯子应坚固完整，有防滑措施。梯子的支柱应能承受攀登时作业人员及所携带的工具、材料的总重量。 17.4.2　单梯的横档应嵌在支柱上，并在距梯顶1m处设限高标志。使用单梯工作时，梯与地面的斜角度约为60°。 17.4.3　梯子不宜绑接使用。人字梯应有限制开度的措施。 17.4.4　人在梯子上时，禁止移动梯子。”
2	物体打击	二级	（1）在梯子上工作上下传标示牌、工具包时使用绳索传递，严禁上下抛掷。 （2）标示牌安装后，检查确已安装牢固	（1）在梯子上工作上下传递物品未使用绳索，造成坠物伤人。 （2）安装标示牌不牢固，发生标示牌坠落损坏及人员摔伤	

（14）收工会。本环节作业安全风险及预控措施见表2－33。

表2－33　　收工会作业安全风险及预控措施

序号	安全风险	风险等级	预控措施	易出现的问题	规程规范要求
1	管理不到位	一级	工作负责人在收工会上清点、核对作业人员数量，参加会议人员须与工作票、作业指导书（卡）人员数量相等、人员一致	收工会作业人员不齐全，遗漏作业人员在作业现场，发生人身伤害事故	《生产作业安全管控标准化工作规范（试行）》（国家电网安质〔2016〕356号）：

序号	安全风险	风险等级	预控措施	易出现的问题	规程规范要求
2	交通事故	一级	（1）人员尽量站在道路边上，不影响车辆交通。 （2）设置安全警示标志。 （3）设专人在会场两端拿鲜艳旗帜提醒过往车辆。 （4）禁止在铁路附近开会	在道路或路边上开会，各种车辆较多，易发生被撞交通事故	“4.9　班后会 4.9.1　班后会一般在工作结束后由班组长组织全体班组人员召开。 4.9.2　班后会应对作业现场安全管控措施落实及‘两票三制’执行情况总结评价，分析不足，表扬遵章守纪行为，批评忽视安全、违章作业等不良现象。”
		二级	（1）会议现场要有足够的照明设施。 （2）设置灯光或反光安全警示标志。 （3）设专人在会场两端手持灯光指示器提醒过往车辆	夜间在道路或路边上开会，照明不足，视线不好，发生被撞交通事故	
3	高处坠落	二级	（1）会议期间严肃纪律，不得拥挤。 （2）会议地点尽量选择平坦地点或远离坑、井、洞等临空面的地方。 （3）在坑、井、洞等临空面处，须设置防护装置和安全警示标志。 （4）会议前详细介绍现场环境情况，交代坑、井、洞等临空面的具体位置和注意事项，对于站在距离坑、井、洞等临空面较近的人员，采取防坠落措施	在山坡上或坑、井、洞等临空面处开会，人员拥挤或站立不牢、后退距离过大，发生滚落、坠落事故，造成摔伤	
4	溺水	二级	（1）会议地点尽量选择在远离水域（江、河、湖、海等）岸边的地方。 （2）在水域（江、河、湖、海等）岸边开会，应设置防护装置和安全警示标志。 （3）会议前详细介绍现场环境情况，交代水域（江、河、湖、海等）的具体位置和安全注意事项，对于站在距离水域（江、河、湖、海等）较近的人员，采取防落水措施。 （4）配备必要的落水施救器材	（1）在水域（江、河、湖、海等）岸边开会，人员拥挤或站立不牢，发生落水，造成人员溺水。 （2）未配备救生器材造成施救不及时	

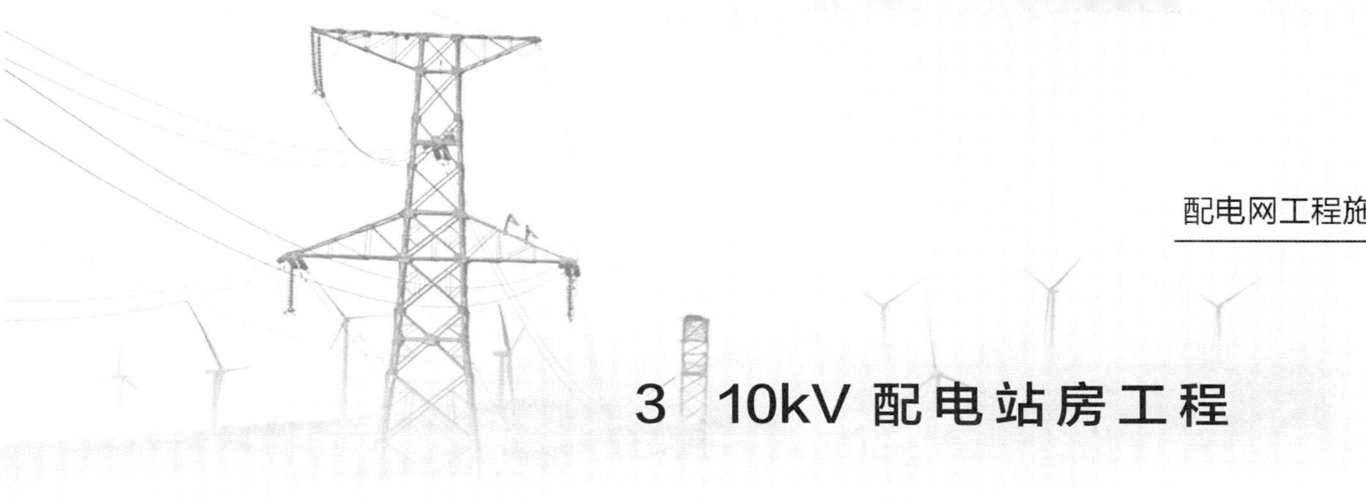

3 10kV 配电站房工程

（1）现场勘察。本环节作业安全风险及预控措施见表 3－1。

表 3－1　　现场勘察作业安全风险及预控措施

序号	安全风险	风险等级	预控措施	易出现的问题	规程规范要求
1	交通事故	二级	（1）勘察人员应沿人行道路行走，注意观察来往车辆，及时避让。 （2）在跨越道路勘察及测量时，应采取有效安全措施（主要路段需临时封闭应取得当地交通部门许可）。 （3）必须进行现场勘察，且按规定进行双勘察。 （4）汽车更换雪地胎或加装防滑链。人员应采取防冻和防滑措施	（1）在道路或路边现场勘察，各种车辆较多，出现交通事故。 （2）不进行现场勘察，凭经验来做。 （3）冰雪天气，道路较滑，出现交通事故	《国家电网公司电力安全工作规程（电网建设部分）（试行）》： “2.5.2.4　风险动态评估中，对固有或动态评估风险等级为三级及以上的作业，应组织作业现场勘察，并填写现场勘察记录（参见附录A），现场勘察应满足下列要求： a）现场勘察应由作业票签发人或作业负责人组织，安全、技术等相关人员参加。 b）现场勘察应察看施工作业现场周边有无影响作业的建构筑物、地下管线、邻近设备、交叉跨越及地形、地质、气象等作业现场条件以及其他影响作业的风险因素，并提出安全措施和注意事项。 c）现场勘察后，现场勘察记录应送交作业票签发人、作业负责人及相关各方，作为填写、签发作业票等的依据。
2	高处坠落	二级	（1）勘察路径尽量选择平坦地面或远离坑、井等临空面的地方进行。 （2）勘察人员不得拥挤、嬉闹。 （3）在山坡上勘察时应避免踩踏不稳固的石头；在山脚下行走时应随时观察山坡是否有落石的危险	在山坡上或坑、井等临空面处现场勘察，人员拥挤或站立不牢，出现滚落、坠落事故	

续表 3－1

序号	安全风险	风险等级	预控措施	易出现的问题	规程规范要求
3	雷击触电	二级	室外勘察遇有雷雨时，应停止勘察，若无法避免时，应采取防雷措施（如穿绝缘靴，不站于高处，远离线路及树木，不接打移动电话）	勘察中遇有雷雨天气，发生雷击伤人	d）作业票签发人或作业负责人在作业前应重新核对现场勘察情况，发现与原勘察情况有变化时，应及时修正、完善相应的安全措施。 4.8.2.9 汽车及轮胎式机械在冰雪路面上行驶时应更换雪地胎或加装防滑链。 4.8.2.1 应为作业人员配发防止冻伤、滑跌、雪盲及有害气体中毒等个人防护用品或采取相应措施，防寒服装等颜色宜醒目。 9.10.3 依据起降区域作业期间可能出现的季节性天气应做好特殊的防护准备，若遇雷雨、大风、霜冻、降雪、冰雹等恶劣天气应停止作业，夜间禁止作业。”
4	高处坠物	二级	进入在建建筑物内勘察时，应由建设方现场人员陪同，应戴安全帽，不得攀登脚手架、井字架	进入在建建筑物内勘察，发生落物伤人	
5	物体打击	二级	（1）作业人员进入电缆隧道应配备足够的照明灯具，并确保现场通信联络畅通，必要时配备应急通信设备。 （2）作业人员进入电缆隧道应戴安全帽	（1）电缆隧道内光线较暗，人体碰撞墙壁或设备，造成人身伤害。 （2）地下通信网络差，进入人员与地上人员失去通信联系	《国家电网公司电力安全工作规程（电网建设部分）（试行）》： “4.3.1 进入井、箱、柜、深坑、隧道、电缆夹层内等有限空间作业，应在作业入口处设专责监护人。监护人员应事先与作业人员规定明确的联络信号，并与作业人员保持联系，作业前和离开时应准确清点人数。 4.3.2 有限空间作业应坚持“先通风、再检测、后作业”的原则，作业前应进行风险辨识，分析有限空间内气体种类并进行评估监测，做好记录。”
6	中毒、窒息	二级	进入电缆井、电缆隧道前，应通风、检测合格后方可进入	电缆隧道内易燃易爆及有毒气体超标，造成人身伤害	
7	疫情	一级	（1）管理传染源：单位进行集体检疫，健全和加强疫情报告制度，早发现、早汇报、早隔离。 （2）加强健康卫生教育，养成良好卫生习惯。勤消毒、戴口罩。 （3）接种相关疫苗。加强身体锻炼，提高自身抵抗力	（1）疫情高危区，无防范措施。 （2）有感染病症者仍参与施工	《现场作业防疫措施二十条》（鲁电安监〔2020〕70 号）现场作业防疫有关要求

（2）施工前准备。本环节作业安全风险及预控措施见表 3－2。

表 3－2　　施工前准备作业安全风险及预控措施

序号	安全风险	风险等级	预控措施	易出现的问题	规程规范要求
1	管理不到位	一级	（1）应贯彻状态检修、综合检修的基本要求，按照“六优先、九结合”的原则，科学编制作业计划，制订切实可行的编制方案。 （2）施工方案由施工项目部技术人员编制，并经安全、质量管理人员、技术负责人或施工单位技术管理人员审核，施工单位技术负责人批准。 （3）分包单位编制的作业指导书或专项安全施工方案应经施工承包单位审核。 （4）现场勘察结束后，编制“三措”、填写“两票”前，应针对作业开展风险评估工作。 （5）地市公司级单位、县公司级单位应利用月度计划平衡会、周安全生产例会统筹开展所属单位、二级机构承载力分析工作。 （6）承、发包工程，工作票可实行“双签发”。签发工作票时，双方工作票签发人在工作票上分别签名，各自承担相应的安全责任。 （7）一张工作票中，工作票签发人、工作许可人和工作负责人三者不得为同一人。工作许可人中只有现场工作许可人（作为工作班成员之一，进行该工作任务所需现场操作及做安全措施者）可与工作负责人相互兼任。若相互兼任，应具备相应的资质，并履行相应的安全责任。	（1）“三措”审批流程不正确，未经设备运维管理单位、相关专业管理部门、分管领导逐级审批，存在管控缺位风险。 （2）标准化作业指导书无审核、审定人员签字。 （3）没有开展针对性作业风险评估工作。 （4）不做承载力分析，增加施工中的风险。 （5）现场施工作业未使用工作票和施工作业票（无票作业）。 （6）填写的工作票（施工作业票）内容错误，与实际工作不符。需设专责监护人的工作，未在指定位置填写。 （7）填写的工作票（施工作业票）所列安全措施与现场风险不能有效管控，造成风险点不能有效预控。 （8）工作票（施工作业票）签发人由其他人员代签字，不按规定流程，造成审核缺位，审查漏洞风险。 （9）施工分包资质审查、合同、安全协议未签订。 （10）分包商资质超期、分包商未在公布名单中。 （11）承、分包队伍管控缺失，以包带管，造成事故隐患。 （12）未对分包单位资质、施工人员的相关资格证书进行审查、核查。	（1）《国家电网公司电力安全工作规程（配电部分）（试行）》： “3.3.8.6　承、发包工程，工作票可实行‘双签发’。签发工作票时，双方工作票签发人在工作票上分别签名，各自承担相应的安全责任。” （2）《生产作业安全管控标准化工作规范（试行）》（国家电网安质〔2016〕356 号）： “3.2　风险评估 3.2.1　现场勘察结束后，编制‘三措’、填写‘两票’前，应针对作业开展风险评估工作。 3.2.2　风险评估一般由工作票签发人或工作负责人组织。 3.2.3　设备改进、革新、试验、科研项目作业，应由作业单位组织开展风险评估。 3.2.4　涉及多专业、多单位共同参与的大型复杂作业，应由作业项目主管部门、单位组织开展风险评估。 3.2.5　风险评估应针对触电伤害、高空坠落、物体打击、机械伤害、特殊环境作业、误操作等方面存在的危险因素，全面开展评估。 3.2.6　风险评估出的危险点及预控措施应在‘两票’‘三措’等中予以明确。

续表 3-2

序号	安全风险	风险等级	预控措施	易出现的问题	规程规范要求
1	管理不到位	一级	（8）工作票由工作负责人填写，也可由工作票签发人填写。工作票应由工作票签发人审核，手工或电子签发后方可执行。 （9）一个工作负责人不能同时执行多张工作票。若一张工作票下设多个小组工作，工作负责人应指定每个小组的小组负责人（监护人），并使用工作任务单。 （10）工作任务单应一式两份，由工作票签发人或工作负责人签发。工作任务单由工作负责人许可，一份由工作负责人留存，一份交小组负责人。工作结束后，由小组负责人向工作负责人办理工作结束手续。 （11）应同时签订分包合同及安全协议。 （12）分包单位应开展安全教育培训，应提前将参与施工的所有人员培训考核情况书面提交承包单位审核认可，或经承包单位复训考核。 （13）施工分包应依据施工承包合同的约定，或经业主批准。分包单位资质应符合国家、行业相关要求，不得超越资质范围承揽工程。 （14）严格执行生产作业现场“六到位一规范”安全措施标准化要求。 （15）施工前应对相关人员进行必要的安全教育和培训，使每位进入施工现场的人员熟知相关安全工作规程，接受相应的安全生产知识教育和岗位技能培训，掌握配电作业必备的电气知识和业务技能，并按工作性质，熟悉规程的相关部分，经考试合格后上岗，从而杜绝和降低违章和事故的发生。	（13）不制作“一板四卡”或制作的“一板四卡”流于形式，无操作性，不能够有效指导现场风险防控。 （14）安全规程考试不合格施工人员进入施工现场；涉及新技术、新工艺、新设备、新材料的项目人员，未进行专门的安全生产教育和培训。 （15）准备超期或不合格的安全、绝缘工器具及材料进入施工现场，使用时造成人身伤害。 （16）未准备施工现场必要的防护用品及安全工器具。天气炎热及寒冷应配备防暑降温和防寒、防冻物品；缺少必配的急救药品，人员受伤后不能得到第一时间救治，造成更大伤害。 （17）材料准备不足，缺少主材及附件，造成施工不能够正常开展或延缓停电时间。 （18）运输车辆、起重机械等准备不到位，造成材料设备运输途中出现损坏及交通风险。 （19）施工道路的准备不符合车辆载重要求，车辆无法正常进出。 （20）在人行便桥及车辆便桥无防护措施，发生交通事故	3.3　承载力分析 3.3.1　地市公司级单位、县公司级单位应利用月度计划平衡会、周安全生产例会统筹开展所属单位、二级机构承载力分析工作。二级机构应利用周安全生产例会、班组应利用周安全日活动，开展作业承载力分析工作，保证作业安排在承载力范围内。 3.3.2　各单位、二级机构承载力分析内容 a）可同时派出的班组数量。 b)派出班组的作业能力是否满足作业要求。 c）多专业、多班组、多现场间工作协调是否满足作业需求。 3.3.3　作业班组承载力分析内容 a)可同时派出的工作组和工作负责人数量。每个作业班组同时开工的作业现场数量,不得超过工作负责人数量。 b）作业任务难易水平、工作量大小。 c）安全防护用品、安全工器具、施工机具、车辆等是否满足作业需求。 d）作业环境因素（地形地貌、天气等）对工作进度、人员配备及工作状态造成的影响等。 3.3.4　作业人员承载力分析内容 a）作业人员身体状况、精神状态以及有无妨碍工作的特殊病症。 b）作业人员技能水平、安全能力。技能水平可根据其岗位角色、是否担任工作负责人、本专业工作年限等综合评定。安全能力应结合《电力安全工作规程》考试成绩、人员违章情况等综合评定。

续表 3－2

序号	安全风险	风险等级	预控措施	易出现的问题	规程规范要求
1	管理 不到位	一级	（16）准备状态良好、试验合格的施工机具、安全工器具，严禁使用损坏、变形、有故障或经检验合格的施工机具、安全工器具。 （17）配备必要的急救药品，且药品确保在保质期内，过期或失效须及时更换补充。 （18）根据施工图纸，认真核对所需材料，并按要求计算出损耗，确保材料满足施工要求。 （19）根据运输设备情况，定制满足要求的车辆运输，严禁超载。 （20）起重机械应满足所吊装设备重量，严禁超负载吊装。 （21）施工现场道路应坚实、平坦，质量要求应满足车辆载重及宽度，确保施工机械及车辆安全进出。 （22）便桥的两侧应设有可靠的栏杆，并设置安全警示标志		3.3.5　各级单位应积极推进承载力量化分析工作，提升作业计划和工作安排的科学化、规范化管理水平。 3.4　‘三措’编制 3.4.1　需编制‘三措’的项目 3.4.2　作业单位应根据现场勘察结果和风险评估内容编制‘三措’。对涉及多专业、多单位的大型复杂作业项目，应由项目主管部门、单位组织相关人员编制‘三措’。 3.4.3　‘三措’内容包括任务类别、概况、时间、进度、需停电的范围、保留的带电部位及组织措施、技术措施和安全措施。 3.4.4　‘三措’应分级管理，经作业单位、监理单位（如有）、设备运维管理单位、相关专业管理部门、分管领导逐级审批，严禁执行未经审批的‘三措’。” （3）《国家电网公司电力安全工作规程（配电部分）（试行）》： “3.2.5　开工前，工作负责人或工作票签发人应重新核对现场勘察情况，发现与原勘察情况有变化时，应及时修正、完善相应的安全措施。 3.3.8.1　工作票由工作负责人填写，也可由工作票签发人填写。 3.3.8.2　工作票、故障紧急抢修单采用手工方式填写时，应用黑色或蓝色的钢（水）笔或圆珠笔填写和签发，至少一式两份。工作票票面上的时间、工作地点、线路名称、设备双重名称（即设备名称和编号）、动词等关键字不得涂改。若有个别错、漏字需要修改、补充时，应使用规范的符号，字迹应清楚。用计算机生成或打印的工作票应使用统一的票面格式。

续表 3－2

序号	安全风险	风险等级	预控措施	易出现的问题	规程规范要求
1	管理不到位	一级			3.3.8.4　工作票应由工作票签发人审核，手工或电子签发后方可执行。 3.3.8.5　工作票由设备运维管理单位签发，也可由经设备运维管理单位审核合格且经批准的检修（施工）单位签发。检修（施工）单位的工作票签发人、工作负责人名单应事先送设备运维管理单位、调度控制中心备案。 3.3.8.8　一张工作票中，工作票签发人、工作许可人和工作负责人三者不得为同一人。工作许可人中只有现场工作许可人(作为工作班成员之一，进行该工作任务所需现场操作及做安全措施者)可与工作负责人相互兼任。若相互兼任，应具备相应的资质，并履行相应的安全责任。 3.3.9.15　配电第一种工作票，应在工作前一天送达设备运维管理单位(包括信息系统送达)；通过传真送达的工作票，其工作许可手续应待正式工作票送到后履行。 需要运维人员操作设备的配电带电作业工作票和需要办理工作许可手续的配电第二种工作票，应在工作前一天送达设备运维管理单位。” （4）《国网山东省电力公司关于严格执行“六到位一规范”生产作业现场安全措施标准化的通知》（鲁电质〔2018〕907号）： “‘一板四卡’执行到位。严格落实工作负责人安全责任，严格执行‘双勘察’、看板绘制、‘两票三制’、开收工会等标准化流程，确保现场作业人员做到工作任务、作业范围、作业程序、危险点、安全措施‘五清楚’。”

序号	安全风险	风险等级	预控措施	易出现的问题	规程规范要求
1	管理不到位	一级			（5）《国家电网公司电力安全工作规程（配电部分）（试行）》： “2.2.6 涉及新技术、新工艺、新设备、新材料的项目人员，应进行专门的安全生产教育和培训。 2.3.2 经常有人工作的场所及施工车辆上宜配备急救箱，存放急救用品，并应指定专人经常检查、补充或更换。” 14.1.2 现场使用的机具、安全工器具应经检验合格。 （6）《国家电网公司电力安全工作规程（电网建设部分）（试行）》： “4.8.2.1 应为作业人员配发防止冻伤、滑跌、雪盲及有害气体中毒等个人防护用品或采取相应措施，防寒服装等颜色宜醒目。 7.1.2.1 现场专用机动车辆应由经培训合格的驾驶人员驾驶。 7.1.2.2 运输超高、超宽、超长或重量大的物件时，应制定运输方案和安全技术措施。 7.1.2.3 装运物件应垫稳、捆牢，不得超载。 7.1.2.4 行驶时，驾驶室外及车厢外不得载人，时速不得超过 15km/h。 7.1.2.5 特殊设备运输应有专人领车、监护，并设必要的标志。” （7）《国家电网公司电力安全工作规程（配电部分）（试行）》： “14.6.1.2 安全工器具运输或存放在车辆上时，不得与酸、碱、油类和化学药品接触，并有防损伤和防绝缘性能破坏的措施。” （8）《国家电网公司电力安全工作规程（电网建设部分）（试行）》：

序号	安全风险	风险等级	预控措施	易出现的问题	规程规范要求
1	管理不到位	一级			“3.2.1 施工现场的道路应坚实、平坦，车道宽度和转弯半径应结合线路施工现场道路或变电站进站和站内道路设计，并兼顾施工和大件设备运输要求。线路施工便道应保持畅通、安全、可靠。 3.2.3 现场道路跨越沟槽时应搭设牢固的便桥，经验收合格后方可使用。人行便桥的宽度不得小于 1m，手推车便桥的宽度不得小于 1.5m，汽车便桥的宽度不得小于 3.5m。便桥的两侧应设有可靠的栏杆，并设置安全警示标志。” （9）《国家电网公司电力安全工作规程（配电部分）（试行）》： “16.3.1 搬运的过道应平坦畅通，夜间搬运，应有足够的照明。若需经过山地陡坡或凹凸不平之处，应预先制订运输方案，采取必要的安全措施。”
2	临时建筑物	二级	（1）临时建筑物应根据当地气候条件，采取抵御各类自然灾害的措施，并定期进行检查维护。 （2）房内需动力电源的，动力电与照明用电应分别装设熔断器和剩余电流动作保护装置（漏电保护器）。 （3）准备充足的防汛物资及排水设备	（1）施工工地临时建筑准备不充分，临时建筑及其他设施设计施工不符合要求，在人员进入工地期间出现事故。 （2）汛期未准备防汛器材，造成工地积水，基建基础受损	《国家电网公司电力安全工作规程（电网建设部分）（试行）》： “3.3.1 施工现场使用的办公用房、生活用房、围挡等临时建筑物的设计、安装、验收、使用与维护、拆除与回收按 JGJ/T 188《施工现场临时建筑物技术规范》。 3.3.2 临时建筑物工程竣工后应经验收合格方可使用。 3.3.3 临时建筑物应根据当地气候条件，采取抵御风、雪、雷电等自然灾害的措施，使用过程中应定期进行检查维护。

续表 3-2

序号	安全风险	风险等级	预控措施	易出现的问题	规程规范要求
2	临时建筑物	二级			3.3.4 施工用金属房。 3.3.4.1 金属房外壳（皮）应可靠接地。 3.3.4.2 电源箱应装设在房外，箱内应装配有电源开关、剩余电流动作保护装置（漏电保护器）、熔断器，进房线孔应加防磨线措施。 3.3.4.3 房内配线应采用橡胶线且用瓷件固定。照明用灯采用防水瓷灯具。 3.3.4.4 房内需动力电源的，动力电与照明用电应分别装设熔断器和剩余电流动作保护装置（漏电保护器）。 3.3.4.5 房内配电设备前端地面应铺设绝缘橡胶板。 3.3.4.6 金属房的出入口门外应铺设绝缘橡胶板。 4.8.1.5 台风和汛期到来之前，施工现场和生活区的临建设施以及高架机械均应进行修缮和加固，准备充足的防汛器材。”

（3）开工会。本环节作业安全风险及预控措施见表 3-3。

表 3-3　开工会作业安全风险及预控措施

序号	安全风险	风险等级	预控措施	易出现的问题	规程规范要求
1	管理不到位	一级	（1）工作负责人在开工会上对作业人员进行检查，作业人员必须按规定着装，精神状态良好，劳务分包人员胸卡证齐全有效，否则不允许进入作业现场。 （2）作业人员有精神状态不佳、身体不适者，应主动向工作负责人汇报实情。	（1）作业人员未按规定着装、精神状态不佳。 （2）未经工作负责人许可私自开工，不参加开工会。 （3）不召开开工会。	《生产作业安全管控标准化工作规范（试行）》（国家电网安质〔2016〕356 号）： “3.6 班前会 3.6.1 班前会由班组长组织全体班组人员召开。

续表 3－3

序号	安全风险	风险等级	预控措施	易出现的问题	规程规范要求
1	管理不到位	一级	（3）工作负责人认真清点、核对作业人员数量，参加会议人员应与工作票、作业指导书（卡）人员数量相等，人员一致。未得到工作负责人许可开工前，任何人员不得开始现场作业。 （4）未参加开工会的人员严禁进入施工现场，新增工作人员须经工作负责人安全交底，并签名确认后方可进行现场作业。 （5）工作班成员应认真参加开工会，集中精力听讲，有疑问者应及时提问，确保现场风险点及安全措施全部知晓。 （6）工作负责人进行安全交底后，全体作业人员在工作票（指导书、卡）上履行签名确认手续。 （7）工作负责人根据工作票、作业指导书（卡）所列内容全面、详细交代现场安全措施和安全风险分析及控制措施进行交底。 （8）工作前，工作负责人应认真对外单位承担或外来工作人员（包括民工）告知现场安全措施、线路（设备）带电部位、危险点和安全注意事项。 （9）外单位承担或外来工作人员（包括民工）确认被告知内容后，应履行安全交底签名确认手续后方可参加工作。 （10）工作许可手续完成后，工作负责人组织全体作业人员整理着装，统一进入作业现场，进行安全交底，列队宣读。 （11）交代工作内容、人员分工、带电部位、安全措施和技术措施，进行危险点及安全防范措施告知，抽取作业人员提问无误后，全体作业人员确认签字	（4）工作负责人安全交底不全面或不清楚，作业人员不清楚现场危险点和安全注意事项。 （5）作业人员未进行签名确认或签名存在造假（代签）现象。 （6）未对外来单位承担作业任务的或外来参加工作的人员（包括民工）进行安全交底	3.6.2 班前会应结合当班运行方式、工作任务，开展安全风险评估，布置风险预控措施，组织交代工作任务、作业风险和安全措施，检查个人安全工器具、个人劳动防护用品和人员精神状况。”

续表 3－3

序号	安全风险	风险等级	预控措施	易出现的问题	规程规范要求
2	交通事故	二级	（1）人员尽量站在道路边上，不影响行人及车辆通行。施工地段设置双向安全警示标志。 （2）会议现场光线不足时，要有足够的照明设施。 （3）设置灯光或反光安全警示标志，在视野不开阔的情况下，应增加现场的警示距离	（1）在人口密集区或路边上开会，行人及车辆较多，出现交通事故。 （2）夜间在道路或路边上开会，照明不足，视线不好，出现交通事故。 （3）雾、雪等天气在室外召开开工会，视线不良，车辆制动距离大，出现交通事故	《国家电网公司电力安全工作规程（电网建设部分）（试行）》： “4.5.12　城区、人口密集区或交通道口和通行道路上施工时，工作场所周围应装设遮栏（围栏），并在相应部位装设警告标示牌。必要时，派人看管。 3.5.4.23　在光线不足的作业场所及夜间作业的场所均应有足够的照明。”
3	高处坠落、溺水	二级	（1）会议地点尽量选择平坦地点或远离坑、井、水域等临空面的地方。会前应详细介绍现场周边环境及采取的防范保护措施，必要时配备落水施救工具。 （2）对坑、井等临空面交代其具体位置和安全注意事项，对于站在距离坑、井等临空面较近的人员，应采取防坠落措施。 （3）会议期间严肃纪律，参会人员列队站齐，不得拥挤	（1）在山坡上或坑、井等临空面处开会，人员拥挤或站立不牢，出现滚落、坠落事故，造成人身伤害。 （2）现场有水域时，发生人员落水、溺水风险	
4	中毒、中暑、窒息	二级	有限空间作业应坚持“先通风、再检测、后作业”的原则，出入口应保持畅通并设置明显的安全警示标志，夜间应设警示红灯。有限空间作业现场的氧气含量、有害有毒气体、可燃气体、粉尘容许浓度应符合国家标准的安全要求	在狭窄空间或有限空间内召开开工会，出现中毒、中暑、窒息等伤害	（1）《国家电网公司电力安全工作规程（电网建设部分）（试行）》： “4.3.2　有限空间作业应坚持‘先通风、再检测、后作业’的原则，作业前应进行风险辨识，分析有限空间内气体种类并进行评估监测，做好记录。出入口应保持畅通并设置明显的安全警示标志，夜间应设警示红灯。” （2）《国家电网公司电力安全工作规程（配电部分）（试行）》： “2.3.4　装有 SF_6 设备的配电站，应装设强力通风装置，风口应设置在室内底部，其电源开关应装设在门外。”

（4）现场安全措施布置。本环节作业安全风险及预控措施见表 3－4。

表 3－4　　现场安全措施布置作业安全风险及预控措施

序号	安全风险	风险等级	预控措施	易出现的问题	规程规范要求
1	管理不到位	一级	（1）工作票上所列的安全措施应包括所有工作任务单上所列的安全措施。几个小组同时工作，使用工作任务单时，工作票的工作班成员栏内，可只填写各工作任务单的小组负责人姓名。工作任务单上应填写本工作小组人员姓名。 （2）工作票由工作负责人填写，也可由工作票签发人填写。应根据实际工作内容，办理相应类型的工作票，并由工作票签发人审核，手工或电子签发后方可执行。 （3）一张工作票中，工作票签发人、工作许可人和工作负责人三者不得为同一人。 （4）工作负责人须携带工作票、现场勘察记录、“三措”等资料到作业现场	（1）不按照工作票所列安全措施实施。 （2）使用的工作票（作业票）与实际工作不相符，工作票类型办理错误。 （3）工作负责人兼任工作许可人或从事其他施工工作。 （4）工作票不在施工现场。 （5）多日连续作业的工作票，没有履行每日安全交底签字手续	（1）《生产作业安全管控标准化工作规范（试行）》（国家电网安质〔2016〕356 号）： “4.2.1　输、配电专业工作许可人所做安全措施由其负责布置，工作班所做安全措施由工作负责人负责布置。安全措施布置完成前，禁止作业。 4.2.2　工作许可人应审查工作票所列安全措施正确完备性，检查工作现场布置的安全措施是否完善（必要时予以补充）和检修设备有无突然来电的危险。对工作票所列内容即使发生很小疑问，也应向工作票签发人询问清楚，必要时应要求作详细补充。” （2）《国家电网公司电力安全工作规程（电网建设部分）（试行）》： “2.5.4.2　多日作业，作业负责人应坚持每天检查、确认安全措施，告知作业人员安全注意事项，方可开工。” （3）《国家电网公司电力安全工作规程（配电部分）（试行）》： “3.3.9.6　工作许可时，工作票一份由工作负责人收执，其余留存工作票签发人或工作许可人处。工作期间，工作票应始终保留在工作负责人手中。

序号	安全风险	风险等级	预控措施	易出现的问题	规程规范要求
1	管理不到位	一级			3.3.9.9　工作票上所列的安全措施应包括所有工作任务单上所列的安全措施。几个小组同时工作，使用工作任务单时，工作票的工作班成员栏内，可只填写各工作任务单的小组负责人姓名。工作任务单上应填写本工作小组人员姓名。 3.3.9.11　需要进入变电站或发电厂升压站进行架空线路、电缆等工作，应增填工作票份数（按许可单位确定数量），分别经变电站或发电厂等设备运维管理单位的工作许可人许可，并留存。 检修（施工）单位的工作票签发人和工作负责人名单应事先送设备运维管理单位备案。 3.3.9.13　变更工作负责人或增加工作任务，若工作票签发人和工作许可人无法当面办理，应通过电话联系，并在工作票登记簿和工作票上注明。 3.3.9.14　在配电线路、设备上进行非电气专业工作（如电力通信工作等），应执行工作票制度，并履行工作许可、监护等相关安全组织措施。”
2	误操作	二级	（1）停电拉闸操作应按照断路器（开关）—负荷侧隔离开关（刀闸）—电源侧隔离开关（刀闸）的顺序依次进行，送电合闸操作应按与上述相反的顺序进行。禁止带负荷拉合隔离开关（刀闸）。 （2）停电前应先核对设备双重名称和状态，防止走错间隔，误停设备及线路。	（1）带负荷拉隔离开关，造成相间短路，设备损坏，电弧伤害。 （2）走错间隔，错误改变设备状态，造成人员触电伤害和设备损坏。 （3）操作时站位错误，操作时无人监护或监护人操作，造成操作进程中部件伤人。	《国家电网公司电力安全工作规程（配电部分）（试行）》： “4.2.2　检修线路、设备停电，应把工作地段内所有可能来电的电源全部断开（任何运行中星形接线设备的中性点，应视为带电设备）。

续表 3-4

序号	安全风险	风险等级	预控措施	易出现的问题	规程规范要求
2	误操作	二级	（3）带电设备操作，应由两人进行，一人操作、一人监护，其中对设备较为熟悉者做监护。 （4）现场倒闸操作应执行唱票、复诵制度，宜全过程录音。操作人应按操作票填写的顺序逐项操作，每操作完一项，应检查确认后做一个“√”记号，全部操作完毕后进行复查。复查确认后，受令人应立即汇报发令人。 （5）专责监护人应确定被监护的人员和监护范围，应佩戴明显标志，始终在工作现场，及时纠正不安全的行为。 （6）可直接在地面操作的断路器（开关）、隔离开关（刀闸）的操动机构应加锁；不能直接在地面操作的断路器（开关）、隔离开关（刀闸）应悬挂“禁止合闸，有人工作！”或“禁止合闸，线路有人工作！”的标示牌。熔断器的熔管应摘下或悬挂“禁止合闸，有人工作！”或“禁止合闸，线路有人工作！”的标示牌	（4）遗漏核对或无模拟图板模拟，不细心施行唱票复诵，操作中不逐项勾票，不宣告操作指令。 （5）专责监护人未佩戴标志或未全程在监护现场。 （6）拆装高压熔断器不戴护目镜和绝缘手套。 （7）设备由运行转检修，未悬挂标示牌。 （8）未设置专责监护人或监护人监护不到位	4.2.3 停电时应拉开隔离开关（刀闸），手车开关应拉至试验或检修位置，使停电的线路和设备各端都有明显断开点。若无法观察到停电线路、设备的断开点，应有能够反映线路、设备运行状态的电气和机械等指示。无明显断开点也无电气、机械等指示时，应断开上一级电源。 4.2.4 对难以做到与电源完全断开的检修线路、设备，可拆除其与电源之间的电气连接。禁止在只经断路器（开关）断开电源且未接地的高压配电线路或设备上工作。 4.2.5 两台及以上配电变压器低压侧共用一个接地引下线时，其中任一台配电变压器停电检修，其他配电变压器也应停电。 4.2.6 高压开关柜前后间隔没有可靠隔离的，工作时应同时停电。电气设备直接连接在母线或引线上的，设备检修时应将母线或引线停电。 4.2.7 低压配电线路和设备检修，应断开所有可能来电的电源（包括解开电源侧和用户侧连接线），对工作中有可能触碰的相邻带电线路、设备应采取停电或绝缘遮蔽措施。”

续表 3－4

序号	安全风险	风险等级	预控措施	易出现的问题	规程规范要求
3	触电	二级	（1）验电器的各部件，包括手柄、护手环、绝缘元件、限度标记（在绝缘杆上标注的一种醒目标志，向使用者指明应防止标志以下部分插入带电设备中或接触带电体）和接触电极、指示器和绝缘杆等均应无明显损伤。 （2）应使用相应电压等级的接触式验电器或测电笔，在装设接地线或合接地开关处逐相分别验电。室外低压配电线路和设备验电宜使用声光验电器。架空配电线路和高压配电设备验电应有人监护。 （3）装卸高压熔断器，应戴护目镜和绝缘手套。必要时使用绝缘操作杆或绝缘夹钳。 （4）装设的接地线应接触良好、连接可靠。装设接地线应先接接地端、后接导体端，拆除接地线的顺序与此相反。 （5）装设、拆除接地线均应使用绝缘棒并戴绝缘手套，人体不得碰触接地线或未接地的导线。 （6）现场所装设接地线地点与编号，必须与工作票所列安全措施相符，装设前应核对设备双重名称与接地线编号。 （7）在配电线路和设备上，接地线的装设部位应是与检修线路和设备电气直接相连去除油漆或绝缘层的导电部分。绝缘导线的接地线应装设在验电接地环上。 （8）所有需要接地的线路及设备，在接地前均应验明确无电压后装置接地	（1）验电前不检查验电器外观及自测，不在带电设备上检测验电器。 （2）使用不合格或电压等级不相符的验电设备验电，造成不正确验电及触电风险。 （3）验电前与所验设备未保持足够的安全距离，造成触电风险。 （4）验电时不戴绝缘手套。 （5）装设接地线顺序错误，造成感应电伤害或触电伤害。 （6）装、拆接地线及接地开关时不戴绝缘手套和穿绝缘靴。 （7）工作现场挂接的接地线与工作票中所列的接地线编号不一致或接地线无编号。 （8）现场接地线装设不到位，接地线虚挂至绝缘部位，不能有效接地。 （9）装设接地前不验电。 （10）个人保安线代替接地线。 （11）接地线编号与工作票所列不相符或接地线无编号，拆除时遗忘，造成送电故障	（1）《国家电网公司电力安全工作规程（配电部分）（试行）》： “4.3.1　配电线路和设备停电检修，接地前，应使用相应电压等级的接触式验电器或测电笔，在装设接地线或合接地开关处逐相分别验电。室外低压配电线路和设备验电宜使用声光验电器。架空配电线路和高压配电设备验电应有人监护。 4.3.2　高压验电前，验电器应先在有电设备上试验，确证验电器良好；无法在有电设备上试验时，可用工频高压发生器等确证验电器良好。低压验电前应先在低压有电部位上试验，以验证验电器或测电笔良好。 4.3.3　高压验电时，人体与被验电的线路、设备的带电部位应保持表 3－1 规定的安全距离。使用伸缩式验电器，绝缘棒应拉到位，验电时手应握在手柄处，不得超过护环，宜戴绝缘手套。雨雪天气室外设备宜采用间接验电；若直接验电，应使用雨雪型验电器，并戴绝缘手套。 4.3.4　对同杆（塔）塔架设的多层电力线路验电，应先验低压、后验高压，先验下层、后验上层，先验近侧、后验远侧。禁止作业人员越过未经验电、接地的线路对上层、远侧线路验电。 4.3.5　检修联络用的断路器（开关）、隔离开关（刀闸），应在两侧验电。 4.3.6　低压配电线路和设备停电后，检修或装表接电前，应在与停电检修部位或表计电气上直接相连的可验电部位验电。

续表 3－4

序号	安全风险	风险等级	预控措施	易出现的问题	规程规范要求
3	触电	二级			4.3.7 对无法直接验电的设备，应间接验电，即通过设备的机械位置指示、电气指示、带电显示装置、仪表及各种遥测、遥信等信号的变化来判断。判断时，至少应有两个非同样原理或非同源的指示发生对应变化，且所有这些确定的指示均已同时发生对应变化，方可确认该设备已无电压。检查中若发现其他任何信号有异常，均应停止操作，查明原因。若遥控操作，可采用上述的间接方法或其他可靠的方法间接验电。 4.4.8 装设、拆除接地线均应使用绝缘棒并戴绝缘手套，人体不得碰触接地线或未接地的导线。 4.4.9 装设的接地线应接触良好、连接可靠。装设接地线应先接接地端、后接导体端，拆除接地线的顺序与此相反。 4.4.10 装设同杆（塔）塔架设的多层电力线路接地线，应先装设低压、后装设高压，先装设下层、后装设上层，先装设近侧、后装设远侧。拆除接地线的顺序与此相反。” （2）《国家电网公司电力安全工作规程（电网建设部分）（试行）》： “8.3.2.5 对停电设备验明确无电压后，应立即将设备接地并三相短路。凡可能送电至停电设备的各部位均应装设接地线或合上专用接地开关。在停电母线上作业时，应将接地线尽量装在靠近电源进线处的母线上，必要时可装设两组接地线，并做好登记。接地线应明显，并与带电设备保持安全距离。

续表 3-4

序号	安全风险	风险等级	预控措施	易出现的问题	规程规范要求
3	触电	二级			8.3.2.9 作业人员不应擅自移动或拆除接地线。装、拆接地线导体端均应使用绝缘棒和戴绝缘手套，人体不得碰触接地线或未接地的导线。带接地线拆设备接头时，应采取防止接地线脱落的措施。 8.3.2.10 对需要拆除全部或一部分接地线后才能进行的作业，应征得运维人员的许可，作业完毕后立即恢复。未拆除期间不得进行相关的高压回路作业。”

（5）定点基础开挖（杆坑开挖）。本环节作业安全风险及预控措施见表 3-5。

表 3-5　定点基础开挖（杆坑开挖）作业安全风险及预控措施

序号	安全风险	风险等级	预控措施	易出现的问题	规程规范要求
1	触电、基础坍塌	二级	（1）挖坑前，应与有关地下管道、电缆等设施的主管单位取得联系，明确地下设施的确切位置，做好防护措施。 （2）开挖过程中应先观测基坑周边土质是否存在裂缝及渗水等异常情况。 （3）应有防止塌方措施，如加挡板、撑木等。 （4）开挖低于地下水位的基坑时，应合理选用降水措施。降水过程中应对重要建筑物或公共设施进行监测。 （5）基坑支护应保证基坑周边建筑物、地下管线、道路的安全使用和主体地下结构的施工空间。 （6）制订施工现场排水应急预案，备有状态良好的排水设备	（1）勘察不到位，勘察时未联系地下设施的主管部门。挖坏地下燃气管道、电缆、水管、下水道等地下设施。 （2）基坑周围杂物及工具不及时清理，基坑周边堆积物、施工材料、工具滑坠坑内。 （3）未做防塌方措施，未准备挡板、撑木。基坑边坡发生位移，涌水涌沙、坍塌造成地面开裂、坍塌。 （4）未制订排水方案，没有排水设备，造成现场积水	（1）《国家电网公司电力安全工作规程（配电部分）（试行）》： “6.1.1 挖坑前，应与有关地下管道、电缆等设施的主管单位取得联系，明确地下设施的确切位置，做好防护措施。 6.1.4 在土质松软处挖坑，应有防止塌方措施，如加挡板、撑木等。不得站在挡板、撑木上传递土石或放置传土工具。禁止由下部掏挖土层。” （2）《国家电网公司电力安全工作规程（电网建设部分）（试行）》： “6.1.2.1 应制订施工区域临时排水方案，排水不得破坏相邻建（构）筑物地基和挖、填土石方边坡。

续表 3－5

序号	安全风险	风险等级	预控措施	易出现的问题	规程规范要求
1	触电、基础坍塌	二级			6.1.2.2　基坑内外应设集水坑和排水沟，集水坑应每隔一定距离设置，排水沟应有一定坡度。 6.1.2.3　基坑边坡应进行防护，防止雨水侵蚀。 6.1.2.4　开挖低于地下水位的基坑时，应合理选用降水措施。降水过程中应对重要建筑物或公共设施进行监测。 6.1.2.5　水泵等降排水设备使用前应经检查合格，确保其绝缘和密封性能良好。检查、移动水泵等降排水设备时，应可靠切断电源。”
2	管理不到位	一级	（1）建立健全作业现场到岗到位制度，明确到岗到位人员责任和工作要求。 （2）监理人员须全过程在现场监督检查，做好隐蔽工程的资料存档	工程监理人员未做到全过程安全与质量监督。业主、施工管理人员到岗到位监督执行不力，问题不能够及时发现处理，造成设备缺陷及事故	《生产作业安全管控标准化工作规范（试行）》（国家电网安质〔2016〕356 号）： “4.7.1　各级单位应建立健全作业现场到岗到位制度，按照“管业务必须管安全”的原则，明确到岗到位人员责任和工作要求。”
3	爆炸	一级	（1）严禁私自爆破，施工单位应按规定取得相应资质，作业人员应取得相应资格，爆破器材均应符合国家标准。 （2）爆破工程应签订合同及安全协议，在国家批准的允许经营范围内施工	（1）私自爆破。 （2）爆破工程不签订合同及安全协议	《国家电网公司电力安全工作规程（电网建设部分）（试行）》： “6.2.1　爆破施工单位应按规定取得相应资质，作业人员应取得相应资格，爆破器材均应符合国家标准。 6.2.2　爆破工程应签订合同及安全协议，在国家批准的允许经营范围内施工。 6.2.4　山区杆塔基础开挖，因岩石地质等原因，需要使用爆破形式开挖基坑时，应选择具有相关资质的民爆公司实施，配合做好向当地公安部门申请、备案等工作。”

序号	安全风险	风险等级	预控措施	易出现的问题	规程规范要求
4	高处坠落	二级	（1）人工开挖基坑，应先清除坑口浮土，向坑外抛扔土石时应防止土石回落伤人。 （2）应自上而下进行开挖，不得采用掏空倒挖的施工方法。不同深度的相邻基础应按先深后浅的施工顺序进行。 （3）同一基坑内挖掘作业人员之间应保持足够的作业半径，且不得面对面作业。 （4）打锤人不得戴手套，并应站在扶钎人的侧面	（1）开挖时，基坑附近杂物不清理，造成落物坑中伤人。 （2）人工开挖基坑深度超过 2m 时不使用取土器械取土。 （3）两人及以上同时开挖同一基坑，作业半径不满足要求，造成人员互碰伤害。 （4）打锤人戴手套	《国家电网公司电力安全工作规程（电网建设部分）（试行）》： “6.1.2　挖坑时，应及时清除坑口附近浮土、石块，路面铺设材料和泥土应分别堆置，在堆置物堆起的斜坡上不得放置工具、材料等器物。 6.1.3　在超过 1.5m 深的基坑内作业时，向坑外抛掷土石应防止土石回落坑内，并做好防止土层塌方的临边防护措施。 6.1.4.1　应防止土石回落伤人。当基坑深度达 2m 时，宜用取土器械取土，不得用锹直接向坑外抛。 6.1.4.2　应自上而下进行开挖，不得采用掏空倒挖的施工方法。不同深度的相邻基础应按先深后浅的施工顺序进行。 6.1.4.3　挖掘作业人员之间，横向间距不得小于 2m，纵向间距不得小于 3m；坑底面积超过 $2m^2$ 时，可由两人同时挖掘，但不得面对面作业。 6.1.4.4　人工撬挖土石方时应遵守下列规定： a）边坡开挖时，应由上往下开挖，依次进行。不得上、下坡同时撬挖。 b）应先清除山坡上方浮土、石；土石滚落下方不得有人，并设专人监护。 c）人工打孔时，打锤人不得戴手套，并应站在扶钎人的侧面。 d）在悬岩陡坡上作业时应设置防护栏杆并系安全带。

序号	安全风险	风险等级	预控措施	易出现的问题	规程规范要求
4	高处坠落	二级			6.1.4.5　人工清理或装卸石方应遵守下列规定： a）不便装运的大石块应劈成小块。用铁锲劈石时，操作人员间距不得小于1m；用锤劈石时，操作人员间距不得小于4m。操作人员应戴防护眼镜。 b）斜坡堆放弃土应采取安全措施。 c）用手推车、斗车或汽车卸渣时，车轮距卸渣边坡或槽边距离不得小于1m。”
5	杆塔倾倒、公路通行中断、坍塌	一级	（1）应对开挖基础附近杆塔进行加临时拉线的措施，并设专人监护。 （2）开挖基础周边存在建筑物及道路时，应提前勘察地质情况，包括周边建筑物基础结构形式，确保开挖时不发生周边建（构）筑物及道路造成裂缝、沉陷等情况	（1）机械开挖杆基邻近基础时，造成邻近杆基倾倒风险。 （2）对基坑周边建（构）筑物及道路造成裂缝、沉陷等风险	《国家电网公司电力安全工作规程（电网建设部分）（试行）》： “6.1.8　杆塔基础附近开挖时，应随时检查杆塔稳定性。若开挖影响杆塔的稳定性时，应在开挖的反方向加装临时拉线，开挖基坑未回填时禁止拆除临时拉线。 6.1.9　变压器台架的木杆打帮桩时，相邻两杆不得同时挖坑。承力杆打帮桩挖坑时，应采取防止倒杆的措施。使用铁钎时，应注意上方导线。 6.1.5.1　用凿岩机或风钻打孔时，操作人员应戴口罩和风镜，手不得离开钻把上的风门，更换钻头应先关闭风门。 6.1.5.2　使用液压劈裂机进行胀裂作业时，手持部位应正确，不得接触活塞顶等活动部分。多台胀裂机同时作业时，应检查液压油管分路正确。 6.1.5.3　采用大型机械挖掘土石方时，应对机械的停放、行走、运土石的方法与挖土分层深度等制订施工方案。

序号	安全风险	风险等级	预控措施	易出现的问题	规程规范要求
5	杆塔倾倒、公路通行中断、坍塌	一级			6.1.5.4 挖掘机开挖时遵守下列规定： a）应避让作业点周围的障碍物及架空线。 b）禁止人员进入挖斗内，禁止在伸臂及挖斗下面通过或逗留。 c）不得利用挖斗递送物件。 d）暂停作业时，应将挖斗放到地面。 e）挖掘机作业时，在同一基坑内不应有人员同时作业。”
6	中毒、中暑、窒息	二级	开挖基础施工中，必要时应及时进行送风，同时基坑上方要有专责监护人。作业人员不得在基坑内休息	坑、洞内作业无专人监护，且作业人员在坑、洞内休息，存在中毒、中暑、窒息风险	《国家电网公司电力安全工作规程（配电部分）（试行）》： “6.1.5 在下水道、煤气管线、潮湿地、垃圾堆或有腐质物等附近挖坑时，应设监护人。在挖深超过2m的坑内工作时，应采取安全措施，如戴防毒面具、向坑中送风和持续检测等。监护人应密切注意挖坑人员，防止煤气、硫化氢等有毒气体中毒及沼气等可燃气体爆炸。 6.1.1.6 基坑应有可靠的扶梯或坡支撑上下，不得在基坑内休息。”
7	高处坠落	二级	挖掘施工区域应设围栏及安全标示牌，夜间应挂警示灯，围栏离坑边不得小于0.8m。夜间进行土石方作业，应设置足够的照明，并设专人监护	缺少安全警示标志，行人及车辆坠落基坑	《国家电网公司电力安全工作规程（配电部分）（试行）》： “6.1.6 在居民区及交通道路附近开挖的基坑，应设坑盖或可靠遮栏，加挂警告标示牌，夜间挂红灯。”

（6）基础制作。本环节作业安全风险及预控措施见表 3－6。

表 3－6　　　　基础制作作业安全风险及预控措施

序号	安全风险	风险等级	预控措施	易出现的问题	规程规范要求
1	小型、临时、分散现场	一级	（1）应按种类、规格、批次分开储存与堆放，安全防护设施齐全规范。 （2）砖、钢筋、水泥、掺和料应符合设计要求，有出厂合格证书	（1）砖、钢筋、水泥等存放不当，无防护，存在倾倒伤人风险。 （2）砖、钢筋、水泥等和质量不符合设计要求，材料无出厂合格证书	（1）《国家电网公司电力安全工作规程（电网建设部分）（试行）》： “6.4.1.2　材料场应按种类、规格、批次分开储存与堆放，砂石堆场应有适当的坡度，安全防护设施齐全规范。” （2）《配电网施工检修工艺规范》（Q/GDW 10742—2016）： “1.2.3.2　基础砌筑 1）按照设计图纸进行现场施工。 2）砖、钢筋、水泥、掺和料应符合设计要求，有出厂合格证书。”
2	管理不到位	一级	（1）混凝土工程施工应按规定要求进行安全技术交底。 （2）施工时应进行全过程监测	（1）钢筋、混凝土工程施工无方案，未进行技术交底。 （2）进行情况复杂及特殊的施工时不进行全过程监测	《国家电网公司电力安全工作规程（电网建设部分）（试行）》： “6.4.1.1　混凝土工程施工方案应按规定进行审批、论证，进行安全技术交底，作业时并应严格作业票管理。 6.4.1.5　对体形复杂、跨度较大、地基情况复杂及特殊的混凝土结构，施工时应进行全过程监测。”
3	火灾、高处坠落	二级	（1）配备合格充足的消防器材 （2）在高处进行焊割作业时，应把动火点下部的易燃易爆物移至安全地点，或采取可靠的隔离、防护措施。作业结束后，应检查是否留有火种，确认合格后方可离开现场	（1）钢筋加工，需焊接、切割时，现场无消防器材。 （2）在高处进行焊割作业时，无可靠的隔离、防护措施，出现高处坠落、火灾事故	《国家电网公司电力安全工作规程（电网建设部分）（试行）》： “4.6.1.12　在高处进行焊割作业时，应把动火点下部的易燃易爆物移至安全地点，或采取可靠的隔离、防护措施。作业结束后，应检查是否留有火种，确认合格后方可离开现场。

续表 3-6

序号	安全风险	风险等级	预控措施	易出现的问题	规程规范要求
3	火灾、高处坠落	二级			4.6.1.13 在高处进行电焊作业时，宜设专人进行拉合闸和调节电流等作业。 4.6.1.14 高处作业时，禁止将焊接电缆或气焊、气割的橡皮软管缠绕在身上操作，以防触电或燃爆。 4.6.1.15 登高焊割作业应避开高压线、裸导线及低压电源线。 4.6.1.16 高处作业时，电焊机及其他焊割设备与高处焊割作业点的下部地面保持 10m 以上的间隔，并应设监护人。 4.6.1.17 高处作业时，所使用的焊条、工具、小零件等应装在牢固的无孔洞的工具袋内，防止落下伤人。 4.6.1.18 高处作业时，不得随身携带电焊导线或气焊软管登高，不得从高处跨越。电焊导线、软管应在切断电源或气源后用绳索提吊。 4.6.1.19 进行焊接或切割作业时，应有防止触电、爆炸和防止金属飞溅引起火灾的措施。在人员密集的场所作业时，宜设挡光屏。 4.6.1.20 在进行焊接或切割操作的地方应配置适宜、足够的灭火设备。 4.6.1.21 焊接或切割作业结束后，应切断电源或气源，整理好器具，仔细检查作业场所周围及防护设施，确认无起火危险后方可离开。 6.4.3.2.1 钢筋加工地应宽敞、平坦，工作台应稳固，照明灯具应加设网罩，并搭设作业棚，设置安全标志和安全操作规程。

续表 3－6

序号	安全风险	风险等级	预控措施	易出现的问题	规程规范要求
3	火灾、高处坠落	二级			6.4.3.2.2　在焊机操作棚周围，不得堆放易燃物品，并应在操作部位配备一定数量的消防器材。 6.4.3.2.3　现场施工的照明电线及工器具电源线不准挂在钢筋上。”
4	火灾、爆炸	四级	（1）设专人监护，动火作业前清除动火现场及周围的易燃物品，或采取其他有效的防火安全措施，配备足够适用的消防器材。 （2）动火作业现场的通排风应良好，以保证泄漏的气体能顺畅排走	邻近易燃、易爆物品或电缆沟、隧道等密闭空间内动火作业，发生火灾、中毒、窒息事故	《国家电网公司电力安全工作规程（电网建设部分）（试行）》： “4.7.6　动火作业应有专人监护，动火作业前应清除动火现场及周围的易燃物品，或采取其他有效的防火安全措施，配备足够适用的消防器材。 4.7.7　动火作业现场的通排风应良好，以保证泄漏的气体能顺畅排走。 4.7.8　动火作业间断或终结后，应清理现场，确认无残留火种后，方可离开。”
5	中毒、中暑、窒息	二级	在挖深超过 2m 的坑内工作时，应采取安全措施，如戴防毒面具、向坑中送风和持续检测等。监护人应密切注意挖坑人员，防止煤气、硫化氢等有毒气体中毒及沼气等可燃气体爆炸	基坑通风不畅及高温造成人员窒息及中暑	《国家电网公司电力安全工作规程（配电部分）（试行）》： “6.1.5　在下水道、煤气管线、潮湿地、垃圾堆或有腐质物等附近挖坑时，应设监护人。在挖深超过 2m 的坑内工作时，应采取安全措施，如戴防毒面具、向坑中送风和持续检测等。监护人应密切注意挖坑人员，防止煤气、硫化氢等有毒气体中毒及沼气等可燃气体爆炸。”

序号	安全风险	风险等级	预控措施	易出现的问题	规程规范要求
6	高处坠落	二级	（1）履行主业人员与外来人员“同进同出”制度，禁止外来人员单独作业，工作票中必须履行签字手续；工作负责人交代工作内容、安全措施和危险点。 （2）坑、孔、洞或沟（槽），应覆以与地面齐平而坚固的盖板。检修作业，若需将盖板取下，应设临时围栏并设置警示标识，夜间还应设红灯示警。临时打的孔、洞，施工结束后，应恢复原状。 （3）预留孔洞、基槽等处，应按规定设置盖板、围栏和安全标示牌	（1）作业人员不按规范要求作业，现场存在井、坑、孔、洞或沟（槽）造成坠落伤害。 （2）预留孔洞、基槽等处，未按规定设置盖板、围栏和安全标示牌，造成人员高空坠落风险	（1）《国家电网公司电力安全工作规程（配电部分）（试行）》： “2.3.12.1　井、坑、孔、洞或沟（槽），应覆以与地面齐平而坚固的盖板。检修作业，若需将盖板取下，应设临时围栏并设置警示标识，夜间还应设红灯示警。临时打的孔、洞，施工结束后，应恢复原状。” （2）《国家电网公司电力安全工作规程（电网建设部分）（试行）》： “6.4.4.3.1　预留孔洞、基槽等处，应按规定设置盖板、围栏和安全标示牌。”
7	物体打击	二级	使用绳索传递材料及工具，严禁上下抛掷	人员在基坑内作业时，上下抛掷材料及工具	《国家电网公司电力安全工作规程（电网建设部分）（试行）》： “6.4.2.2.10　作业人员应佩戴工具袋，作业时将螺栓/螺帽、垫块、销卡、扣件等小物品放在工具袋内，后将工具袋吊下，不得抛掷。”
8	触电伤害	二级	（1）规范场内临时用电，并设专责人。 （2）施工用电工程的380V/220V低压系统，应采用三级配电、二级剩余电流动作保护系统，末端应装剩余电流动作保护装置。 （3）采用发电机供电系统应设置可视断路器或电源隔离开关及短路、过载保护，电源隔离开关分断时应有明显可见分断点。 （4）发电机组禁止设在基坑里。 （5）现场临时用电的变压器，应设置可靠围栏，防止施工人员误碰带电设备	（1）无临时用电专责人管理。 （2）私拉乱接，无剩余电流动作保护装置。 （3）现场使用发电机组供电时，发电机组设在基坑内，造成人员触电及中毒。 （4）现场临时用电的变压器无可靠围栏，出现人员触电风险	《国家电网公司电力安全工作规程（电网建设部分）（试行）》： “3.5.1.3　施工用电设施安装、运行、维护应由专业电工负责，并应建立安装、运行、维护、拆除作业记录台帐。 3.5.1.5　施工用电工程的380V/220V低压系统，应采用三级配电、二级剩余电流动作保护系统（漏电保护系统），末端应装剩余电流动作保护装置（漏电保护器）；专用变压器中性点直接接地的低压系统宜采用TN−S接零保护系统。

续表 3－6

序号	安全风险	风险等级	预控措施	易出现的问题	规程规范要求
8	触电伤害	二级			3.5.2.1 10kV/400kVA 及以下的变压器宜采用支柱上安装，支柱上变压器的底部距地面的高度不得小于 2.5m。组立后的支柱不应有倾斜、下沉及支柱基础积水等现象。 3.5.2.2 5kV 及 10kV/400kVA 以上的变压器如采用地面平台安装，装设变压器的平台应高出地面 0.5m，其四周应装设高度不低于 1.7m 的围栏。围栏与变压器外廓的距离：10kV 及以下应不小于 1m，35kV 应不小于 1.2m，并应在围栏各侧的明显部位悬挂‘止步、高压危险！’的安全标志。 3.5.3.1 发电机组禁止设在基坑里。 3.5.3.4 发电机供电系统应设置可视断路器或电源隔离开关及短路、过载保护。电源隔离开关分断时应有明显可见分断点。”
9	倒塌、雷击	二级	（1）施工用脚手架应符合国家、行业相关标准规范的要求，并经施工技术部门及安全管理部门审核、技术负责人批准后方可搭设。搭设后应经使用单位和监理单位验收合格后方可使用。 （2）钢管脚手架应有防雷接地措施。 （3）禁止使用有脆裂、变形或滑丝的脚手架扣件。 （4）脚手架在使用中应定期进行检查和维护。 （5）拆除脚手架应自上而下逐层进行，不得上下同时进行拆除作业	（1）脚手架的安装未进行审核、批准，存在设计、技术上的漏洞，在安装时出现倒塌风险。 （2）钢管脚手架无防雷接地措施，发生雷击事故。 （3）脚手架扣件使用有脆裂、变形或滑丝的扣件，出现脚手架倒塌风险。 （4）脚手架搭设后未经验收合格后使用，致使缺陷无法消除，带病运行，造成倒塌风险。 （5）拆除脚手架未按自上而下逐层进行，造成倒塌风险	《国家电网公司电力安全工作规程（电网建设部分）（试行）》： “6.3.1.1 施工用脚手架应符合国家、行业相关标准规范的要求，荷重超过 3kN/m² 或高度超过 24m 的脚手架应进行设计、计算，并经施工技术部门及安全管理部门审核、技术负责人批准后方可搭设。 6.3.1.2 脚手架安装与拆除人员应持证上岗，非专业人员不得搭、拆脚手架。作业人员应戴安全帽、系安全带、穿防滑鞋。 6.3.1.5 钢管脚手架应有防雷接地措施，整个架体应从立杆根部引设两处（对角）防雷接地。

续表 3－6

序号	安全风险	风险等级	预控措施	易出现的问题	规程规范要求
9	倒塌、雷击	二级			6.3.2.1　脚手架钢管宜采用ϕ 48.3×3.5mm 的钢管，横向水平杆最大长度不超过 2.2m，其他杆最大长度不超过 6.5m。禁止使用弯曲、压扁、有裂纹或已严重锈蚀的钢管。 6.3.2.2　脚手架扣件应符合 GB 15831《钢管脚手架扣件》的规定；禁止使用有脆裂、变形或滑丝的扣件。 6.3.2.3　冲压钢脚手板的材质应符合 GB/T 700《碳素结构钢》中 Q235−A 级钢的规定。凡有裂纹、扭曲的不得使用。 6.3.2.4　木脚手板应用 50mm 厚的杉木或松木板制作，宽度以 200～300mm 为宜，长度以不超过 6m 为宜。凡腐朽、扭曲、破裂的，或有大横透节及多节疤的，不得使用。距板的两端 80mm 处应用镀锌铁丝箍绕 2～3 圈或用铁皮钉牢。 6.3.2.5　竹片脚手板的厚度不得小于 50mm，螺栓孔不得大于 10mm，螺栓应拧紧。竹片脚手板的长度以 2.2～2.3m、宽度以 400mm 为宜。竹笆脚手板应按其主竹筋垂直于纵向水平杆方向铺设，四角应采用直径 1.2mm 镀锌铁丝固定在纵向水平杆上。 6.3.3.1　脚手架地基应平整坚实，回填土地基应分层回填、夯实，脚手架立杆垫板或底座底面标高应高于自然地坪 50～100mm，确保立杆底部不积水。 6.3.3.2　脚手架与主体工程进度同步搭设，一次搭设高度不应超过相邻连墙件两步以上。每层作业面做到同步防护。

续表 3－6

序号	安全风险	风险等级	预控措施	易出现的问题	规程规范要求
9	倒塌、雷击	二级			6.3.4.1　脚手架搭设后应经使用单位和监理单位验收合格后方可使用，使用中应定期进行检查和维护。 6.3.4.2　脚手架应每月进行一次检查，在大风暴雨、寒冷地区开冻后以及停用超过一个月时，应经检查合格后方可恢复使用。 6.3.5.1　拆除脚手架应自上而下逐层进行，不得上下同时进行拆除作业。禁止先将连墙件整层或数层拆除后再拆脚手架；分段拆除高差不应大于两步，如高差大于两步，应增设连墙件加固。”
10	坍塌	二级	（1）混凝土工程施工方案应按规定进行审批、论证，进行安全技术交底。 （2）对建设情况复杂及施工环境条件特殊的混凝土结构，施工时应进行全过程监测。 （3）基坑口搭设卸料平台，平台应平整牢固	（1）混凝土工程施工未制订方案，未按规定进行审批，发生技术性问题，造成坍塌事故。 （2）对体形复杂、跨度较大、地基情况复杂及施工环境条件特殊的混凝土结构，施工时未进行全过程监测，发生坍塌风险。 （3）混凝土浇捣时，基坑卸料平台不牢，造成基坑坍塌、车辆坠入基坑风险	《国家电网公司电力安全工作规程（电网建设部分）（试行）》： “6.4.1.1　混凝土工程施工方案应按规定进行审批、论证，进行安全技术交底，作业时并应严格作业票管理。 6.4.1.5　对体形复杂、跨度较大、地基情况复杂及施工环境条件特殊的混凝土结构，施工时应进行全过程监测。 6.4.4.2.1　基坑口搭设卸料平台，平台平整牢固，应外低里高（5°左右坡度），并在沿口处设置高度不低于 150mm 的横木。 6.4.4.2.2　卸料时基坑内不得有人，不得将混凝土直接翻入基坑内。”
11	倒塌	二级	（1）模板支架立杆底部应加设满足支撑承载力要求的垫板。 （2）模板支架不得与脚手架连接，支架的两端和中部应与建筑结构连接。 （3）模板拆除应在混凝土达到设计强度后方可进行	（1）模板支架立杆底部使用砖及脆性材料铺垫，出现倒塌风险。 （2）模板支架与脚手架连接，出现倒塌风险。 （3）混凝土未达到设计强度就进行模板拆除，发生倒塌风险	《国家电网公司电力安全工作规程（电网建设部分）（试行）》： “6.4.2.1.1　模板的安装和拆除应符合相关标准规定。模板安装，拆除施工前应编制专项施工方案，高大模板支撑工程的专项施工方案应组织专家审查、论证。

序号	安全风险	风险等级	预控措施	易出现的问题	规程规范要求
11	倒塌	二级			6.4.2.1.5 模板支架立杆底部应加设满足支撑承载力要求的垫板，不得使用砖及脆性材料铺垫。 6.4.2.1.6 模板支架应自成体系，不得与脚手架连接，支架的两端和中部应与建筑结构连接。 6.4.2.2.1 模板拆除应在混凝土达到设计强度后方可进行。拆模前应清除模板上堆放的杂物，在拆除区域划定并设警戒线，悬挂安全标志，设专人监护，非作业人员不得进入。”
12	物体打击	一级	（1）钢筋吊装时应注意钢筋两端摆动，防止碰撞物体或打击人身。 （2）多人抬运钢筋时，应有统一指挥，起、落、转、停等动作一致	（1）钢筋搬运、吊装时两端摆动，发生碰撞物体或打击人身。 （2）钢筋搬运、吊装时未设专人指挥，动作不一致，发生碰撞物体或打击人身	《国家电网公司电力安全工作规程（电网建设部分）（试行）》： “6.4.3.1.1 钢筋搬运、堆放应与电力设施保持安全距离，严防碰撞。搬运时应注意钢筋两端摆动，防止碰撞物体或打击人身。 6.4.3.1.2 多人抬运钢筋时，应有统一指挥，起、落、转、停等动作一致。”
13	预埋件	一级	（1）按设计施工图纸确定轴线与预埋件相对位置。 （2）检查无误后，再固定。 （3）按照设计图纸的要求，对预埋件轴线位置、标高、平整度进行定位、校核，将误差值控制在允许范围内。 （4）配电设备应安装接地极并埋入地下，同时应满足设计及规范要求	铁件预埋位置出现误差	《配电网施工检修工艺规范》（Q/GDW 742—2012）： “1.2.3.3 铁件预埋 （1）箱、柜基础预留铁件水平误差＜1mm/m，全长水平误差＜5mm。 （2）箱、柜基础预留铁件不直度误差＜1mm/m、全长不直度误差＜5mm。 （3）箱、柜基础预留铁件（型钢）位置误差及不平行度全长＜5mm，切口应无卷边、毛刺。 （4）焊口应饱满，无虚焊现象。电缆固定支架高低偏差不大于5mm，支架应焊接牢固，无显著变形。”

（7）设备安装。本环节作业安全风险及预控措施见表3－7。

表3－7　　设备安装作业安全风险及预控措施

序号	安全风险	风险等级	预控措施	易出现的问题	规程规范要求
1	机械伤害	二级	（1）机械设备安全防护应符合有关安全技术标准的规定；机械上的各种安全防护装置应完好齐全。 （2）起重搬运由一人统一指挥，必要时可设置中间指挥人员传递信号。起重指挥信号应简明、统一、畅通，分工明确。 （3）起重设备不得超过铭牌规定吊装。在起吊作业半径内禁止有人逗留和通过。 （4）起重操作人员正确操作，运行中保持机构匀速，慢吊慢放。 （5）指挥人员合理正确站位，合理安排调运路线。 （6）吊车吊钩应装有防脱钩装置。 （7）吊车支撑腿时，应明确支撑腿处基础牢固，并在支撑腿下垫钢板或枕木	（1）机械操作不正确，运行中机构速度变化过快，使吊物产生较大惯性，在起重机械运行过程中摆动挤压撞人。 （2）起得机械用前不检查，带病使用过程中损坏，造成伤人。 （3）起重斗臂下有人员通过、逗留。 （4）摆放不稳发生倾倒碰砸人。 （5）指挥人员指挥不当，吊运路线不合理，致使吊物在剧烈摆动中挤压碰撞人。 （6）超过额定负载起重设备，造成起重设备损坏，被吊设备损坏。 （7）指挥人员在起重机械机构与回转机构之间，受到运行（回转）中的起重机械的挤压碰撞。 （8）吊车吊钩无防脱钩装置。 （9）吊车作业地点处于下水道盖板不牢固基础上，发生机械倾倒、伤人、损坏设备风险	《国家电网公司电力安全工作规程（配电部分）（试行）》： “16.1.1　起重设备的操作人员和指挥人员应经专业技术培训，并经实际操作及有关安全规程考试合格、取得合格证后方可独立上岗作业，其合格证种类应与所操作（指挥）的起重设备类型相符。起重设备作业人员在作业中应严格执行起重设备的操作规程和有关安全规章制度。 16.1.2　重大物件的起重、搬运工作应由有经验的专人负责，作业前应进行技术交底。起重搬运时只能由一人统一指挥，必要时可设置中间指挥人员传递信号。起重指挥信号应简明、统一、畅通，分工明确。 16.1.3　起重设备应经检验检测机构检验合格，并在特种设备安全监督管理部门登记。 16.1.4　对在用起重设备，每次使用前应进行一次常规性检查，并做好记录。 16.1.5　起重设备、吊索具和其他起重工具的工作负荷，不得超过铭牌规定。 16.1.6　遇有6级以上的大风时，禁止露天进行起重工作。当风力达到5级以上时，受风面积较大的物体不宜起吊。雷雨时，应停止野外起重作业。 16.1.7　遇有大雾、照明不足、指挥人员看不清各工作地点或起重机操作人员未获得有效指挥时，不得进行起重作业。 16.1.8　在道路上施工应装设遮栏（围栏），并悬挂警告标示牌。 16.2.1　起吊重物前，应由起重工作负责人检查悬吊情况及所吊物件的捆绑情况，确认可靠后方可试行起吊。起吊重物稍离地面（或支持物），应再次检查各受力部位，确认无异常情况后方可继续起吊。

续表 3-7

序号	安全风险	风险等级	预控措施	易出现的问题	规程规范要求
1	机械伤害	二级			16.2.2 起吊物件应绑扎牢固，若物件有棱角或特别光滑的部位时，在棱角和滑面与绳索（吊带）接触处应加以包垫。起重吊钩应挂在物件的重心线上。起吊电杆等长物件应选择合理的吊点，并采取防止突然倾倒的措施。 16.2.3 在起吊、牵引过程中，受力钢丝绳的周围、上下方、转向滑车内角侧、吊臂和起吊物的下面，禁止有人逗留和通过。 16.2.4 汽车式起重机行驶时，上车操作室不得坐人。 16.2.5 起重机停放或行驶时，其车轮、支腿或履带的前端或外侧与沟、坑边缘的距离不得小于沟、坑深度的 1.2 倍；否则应采取防倾、防坍塌措施。 16.2.6 作业时，起重机应置于平坦、坚实的地面上。不得在暗沟、地下管线等上面作业；无法避免时，应采取防护措施。”
2	物体打击	二级	（1）设备就位施工，人力应足够满足要求，应统一指挥，有防止倾倒的措施。 （2）合理安排设备进入路线，并采取防止设备倾倒的措施。 （3）设备一旦就位应及时固定，禁止浮放。 （4）电缆敷设应由专人指挥、统一行动，并有明确的联系信号，不得在无指挥信号时随意拉引，以防人员肢体受伤。使用刀具时应向身体部位反方向受力，防止伤人	（1）盘、柜、变压器等设备就位时人力不足，造成设备倾倒伤人和损坏设备。 （2）室内狭窄处，设备就位时人员挤伤。 （3）设备浮放就位，没有及时固定，造成倾倒伤人。 （4）展放电缆挤压伤人，或使用电缆刀剥导线时伤人	《国家电网公司电力安全工作规程（电网建设部分）（试行）》： “7.10.3 盘、柜就位要防止倾倒伤人和损坏设备，撬动就位时人力应足够，指挥应统一。狭窄处应防止挤伤。 7.10.4 盘、柜底加垫时不得将手伸入底部，防止安装时挤轧手脚。 7.10.5 盘、柜在安装固定好以前，应有防止倾倒的措施，特别是重心偏在一侧的盘柜。对变送器等稳定性差的设备，安装就位后应立即将全部安装螺栓紧好，禁止浮放。 7.10.6 在墙上安装操作箱及其他较重的设备时，应做好临时支撑，固定好后方可拆除该支撑。 12.2.9 电缆展放敷设过程中，转弯处应设专人监护。转弯和进洞口前，应放慢牵引速度，调整电缆的展放形态，当发生异常情况时，应立即停止牵引，经处理后方可继续作业。电缆通过孔洞或楼板时，两侧应设监护人，入口处应采取措施防止电缆被卡，不得伸手，防止被带入孔中。 7.12.1.2 电缆敷设前，电缆沟及电缆夹层内应清理干净，并应有足够的照明。

续表 3－7

序号	安全风险	风险等级	预控措施	易出现的问题	规程规范要求
2	物体打击	二级			7.12.1.3　线盘架设应选用与线盘相匹配的放线架，且架设平稳。放线人员应站在线盘的侧后方。当放到线盘上的最后几圈时，应采取措施防止电缆突然蹦出。 7.12.1.4　电缆敷设时，盘边缘距地面不得小于 100mm，电缆盘转动力量要均匀，速度要缓慢平稳。 7.12.1.5　电缆敷设应由专人指挥、统一行动，并有明确的联系信号，不得在无指挥信号时随意拉引，以防人员肢体受伤。”
3	火灾	二级	（1）动火工作应办理相应级别的动火工作票，其方式有下列两种：填用配电一级动火工作票，填用配电二级动火工作票。动火工作应设专人监护，配备足够适用的消防器材。 （2）电焊操作人员必须持有特种作业证书，经安全规程考试合格，明确作业危险点及防范措施。 （3）作业现场的通排风应良好，以保证泄漏的气体能顺畅排走	（1）无票作业，不办理相应的动火工作票。 （2）焊接时不戴护目镜，灼伤眼睛。 （3）现场通风不畅，造成气体中毒	《国家电网公司电力安全工作规程（配电部分）（试行）》： “15.2.6　动火工作票不得代替设备停复役手续或检修工作票、工作任务单和故障紧急抢修单。动火工作票备注栏中应注明对应的检修工作票、工作任务单或故障紧急抢修单的编号。 15.2.11.5　动火作业应有专人监护，动火作业前应清除动火现场及周围的易燃物品，或采取其他有效的防火安全措施，配备足够适用的消防器材。 15.2.11.6　动火作业现场的通排风应良好，以保证泄漏的气体能顺畅排走。 15.3.1　禁止在带有压力（液体压力或气体压力）的设备上或带电的设备上焊接。 15.3.2　禁止在油漆未干的结构或其他物体上焊接。 15.3.3　在风力 5 级及以上、雨雪天，焊接或切割应采取防风、防雨雪的措施。 15.3.4　电焊机的外壳应可靠接地，接地电阻不得大于 4Ω。”
4	爆炸	二级	（1）运输气瓶的车辆不得与易燃品、油脂等物品同车运输，装载高度不得超过车厢高度，车内应备有灭火器具。 （2）氧气瓶应横向卧放，乙炔瓶应直立排放，禁止氧气瓶与乙炔瓶同车运输。	气瓶的运输、存放、使用不按照相关规范要求，发生爆炸风险	《国家电网公司电力安全工作规程（电网建设部分）（试行）》： “4.6.4.1.1　气瓶运输前应旋紧瓶帽。应轻装轻卸，禁止抛、滑或碰击。 4.6.4.1.2　气瓶的搬运应使用专门的台架或手推车。 4.6.4.1.3　汽车装运时，氧气瓶应横向卧放，头部朝向一侧，并应垫牢，装载高度不得超过车厢高度；乙炔瓶应直立排放，车厢高度不得低于瓶高的 2/3。气瓶押运人员应坐在司机驾驶室内，不得坐在车厢内。

序号	安全风险	风险等级	预控措施	易出现的问题	规程规范要求
4	爆炸	二级	（3）使用中的氧气瓶与乙炔气瓶应垂直放置并固定起来，氧气瓶与乙炔气瓶的距离不得小于5m。 （4）气瓶内的气体不得全部用尽。 （5）使用国家规定检验合格的气瓶		4.6.4.1.4　车上禁止烟火，运输乙炔气瓶的车上应备有相应的灭火器具。 4.6.4.1.5　易燃品、油脂和带油污的物品不得与氧气瓶同车运输。禁止氧气瓶与乙炔瓶同车运输。 4.6.4.1.6　气瓶存放应在通风良好的场所，禁止靠近热源或在烈日下曝晒。 4.6.4.1.7　气瓶存放处10m内禁止明火，禁止与易燃物、易爆物同间存放。 4.6.4.1.10　乙炔气瓶禁止放置在有放射性射线的场所，亦不得放在橡胶等绝缘体上。 4.6.4.1.13　气瓶的检验应按国家的相关规定进行检验。过期未经检验或检验不合格的气瓶禁止使用。”
5	高处坠落、高空坠物	二级	（1）高处作业应使用工具袋。上下传递材料、工器具应使用绳索。 （2）在屋顶及其他危险的边沿工作，临空一面应装设安全网或防护栏杆，否则，作业人员应使用安全带。 （3）梯子应坚固完整，有防滑措施。梯子的支柱应能承受攀登时作业人员及所携带的工具、材料的总重量，并有专人扶守。 （4）人员规范“两穿两戴”，禁止袖口卷起	（1）高处作业不使用工具袋，上下抛掷材料及工器具，造成落物伤人。 （2）安全带不系在牢固的构架上，发生高处坠落风险。 （3）梯子无防滑措施及限高标志，无人扶守。 （4）衣袖卷起，易发生划伤、袖口与设备扯在一起	（1）《国家电网公司电力安全工作规程（配电部分）（试行）》： “17.1.5　高处作业应使用工具袋。上下传递材料、工器具应使用绳索；邻近带电线路作业的，应使用绝缘绳索传递，较大的工具应用绳拴在牢固的构件上。 17.1.6　高处作业使用的安全带应符合GB 6095《安全带》的要求。 17.1.7　高处作业区周围的孔洞、沟道等应设盖板、安全网或遮栏（围栏）并有固定其位置的措施。同时，应设置安全标志，夜间还应设红灯示警。 17.1.10　在屋顶及其他危险的边沿工作，临空一面应装设安全网或防护栏杆，否则，作业人员应使用安全带。 17.4.1　梯子应坚固完整，有防滑措施。梯子的支柱应能承受攀登时作业人员及所携带的工具、材料的总重量。 17.4.2　单梯的横档应嵌在支柱上，并在距梯顶1m处设限高标志。使用单梯工作时，梯与地面的斜角度约为60°。 17.4.3　梯子不宜绑接使用。人字梯应有限制开度的措施。 17.4.4　人在梯子上时，禁止移动梯子。” （2）《国家电网公司电力安全工作规程（电网建设部分）（试行）》： “4.1.4　高处作业人员应衣着灵便，衣袖、裤脚应扎紧，穿软底防滑鞋，并正确佩戴个人防护用具

序号	安全风险	风险等级	预控措施	易出现的问题	规程规范要求
6	触电	三级	（1）在带电设备周围使用工器具及搬动梯子、管子等长物，应满足安全距离要求。 （2）在配电站或高压室内搬动梯子、管子等长物，应放倒，由两人搬运，并与带电部分保持足够的安全距离。在配电站的带电区域内或邻近带电线路处，禁止使用金属梯子。 （3）配电变压器柜的柜门应有防误入带电间隔的措施，新设备应安装防误入带电间隔闭锁装置。 （4）在带电线路及设备附近吊装，吊车应可靠接地。 （5）使用合格的绝缘绳传递，并上下可靠固定，下传时严禁抛掷绳索	（1）无警示标识、误入带电间隔。 （2）工具或材料尺寸大于安全区域活动半径，造成触及带电设备。 （3）在带电线路及设备附近吊装，吊车未接地。 （4）高处作业区内附近有带电体时，未使用干燥的绝缘绳，易发生触电风险	（1）《国家电网公司电力安全工作规程（配电部分）（试行）》： “7.3.4　配电站的变压器室内工作，人体与高压设备带电部分应保持表 3－1 规定的安全距离。 7.3.5　配电变压器柜的柜门应有防误入带电间隔的措施，新设备应安装防误入带电间隔闭锁装置。 7.3.6　在带电设备周围使用工器具及搬动梯子、管子等长物，应满足安全距离要求。在带电设备周围禁止使用钢卷尺、皮卷尺和线尺（夹有金属丝者）进行测量。 7.3.7　在配电站或高压室内搬动梯子、管子等长物，应放倒，由两人搬运，并与带电部分保持足够的安全距离。在配电站的带电区域内或邻近带电线路处，禁止使用金属梯子。” （2）《国家电网公司电力安全工作规程（电网建设部分）（试行）》： “4.1.20　高处作业区附近有带电体时，传递绳应使用干燥的绝缘绳。”
7	中暑、冻伤	二级	（1）夏季高温季节应调整作业时间，避开高温时段，并做好防暑降温工作。 （2）雨季前应做好防风、防雨、防洪等应急处置方案。现场排水系统应整修畅通，必要时应筑防汛堤。 （3）冬季坑、槽的施工方案中应根据土质情况制订边坡防护措施，施工中和化冻后要检查边坡稳定，出现裂缝、土质疏松或护坡桩变形等情况要及时采取措施。现场道路及脚手架、跳板和走道等，应及时清除积水、积霜、积雪并采取防滑措施	（1）夏季高温，出现中暑、脱水等高温病症。 （2）暴雨、台风、汛期后，临建设施、脚手架临时电源等出现故障和缺陷。 （3）冬季施工存在冻伤、滑跌、雪盲及有害气体中毒等	《国家电网公司电力安全工作规程（电网建设部分）（试行）》： “4.8.1.1　夏季高温季节应调整作业时间，避开高温时段，并做好防暑降温工作。 4.8.1.3　雨季前应做好防风、防雨、防洪等应急处置方案。现场排水系统应整修畅通，必要时应筑防汛堤。 4.8.2.1　应为作业人员配发防止冻伤、滑跌、雪盲及有害气体中毒等个人防护用品或采取相应措施，防寒服装等颜色宜醒目。 4.8.2.4　冬季坑、槽的施工方案中应根据土质情况制订边坡防护措施，施工中和化冻后要检查边坡稳定，出现裂缝、土质疏松或护坡桩变形等情况要及时采取措施。 4.8.2.6　现场道路及脚手架、跳板和走道等，应及时清除积水、积霜、积雪并采取防滑措施。”

续表 3－7

序号	安全风险	风险等级	预控措施	易出现的问题	规程规范要求
8	中毒、窒息	二级	（1）进入有限空间作业，应设专责监护人。明确的联络信号，保持通信畅通。 （2）有限空间作业应坚持“先通风、再检测、后作业”的原则	（1）进入井、箱、柜、深坑、隧道施工前不通风、不监测。 （2）有限空间作业时出现中毒、窒息等事故	《国家电网公司电力安全工作规程（电网建设部分）（试行）》： “4.3.1　进入井、箱、柜、深坑、隧道、电缆夹层内等有限空间作业，应在作业入口处设专责监护人。监护人员应事先与作业人员规定明确的联络信号，并与作业人员保持联系，作业前和离开时应准确清点人数。 4.3.2　有限空间作业应坚持‘先通风、再检测、后作业’的原则，作业前应进行风险辨识，分析有限空间内气体种类并进行评估监测，做好记录。出入口应保持畅通并设置明显的安全警示标志，夜间应设警示红灯。 4.3.4　有限空间作业现场的氧气含量应在 19.5%～23.5%。有害有毒气体、可燃气体、粉尘容许浓度应符合国家标准的安全要求，不符合时应采取清洗或置换等措施。 4.3.5　有限空间内盛装或者残留的物料对作业存在危害时，作业前应对物料进行清洗、清空或者置换，危险有害因素符合相关要求后，方可进入有限空间作业。 4.3.6　在有限空间作业中，应保持通风良好，禁止用纯氧进行通风换气。 4.3.7　在氧气浓度、有害气体、可燃性气体、粉尘的浓度可能发生变化的环境中作业应保持必要的测定次数或连续检测。检测的时间不宜早于作业开始前 30min。作业中断超过 30min，应当重新通风、检测合格后方可进入。 4.3.8　在有限空间作业场所，应配备安全和抢救器具，如：防毒面罩、呼吸器具、通信设备、梯子、绳缆以及其他必要的器具和设备。 4.3.9　有限空间作业场所应使用安全矿灯或 36V 以下的安全灯，潮湿环境下应使用 12V 的安全电压，使用超过安全电压的手持电动工具，应按规定配备剩余电流动作保护装置（漏电保护器）。在金属容器等导电场所，剩余电流动作保护装置（漏电保护器）、电源连接器和控制箱等应放在容器、导电场所外面，电动工具的开关应设在监护人伸手可及的地方。

续表 3-7

序号	安全风险	风险等级	预控措施	易出现的问题	规程规范要求
8	中毒、窒息	二级			4.3.10　对由于防爆、防氧化不能采用通风换气措施或受作业环境限制不易充分通风换气的场所，作业人员应使用空气呼吸器或软管面具等隔离式呼吸保护器具。 4.3.11　发现通风设备停止运转、有限空间内氧含量浓度低于或者有毒有害气体浓度高于国家标准或者行业标准规定的限值时，应立即停止有限空间作业，清点作业人员，撤离作业现场。 4.3.12　有限空间作业中发生事故，现场有关人员应当立即报警，禁止盲目施救。 4.3.13　应急救援人员实施救援时，应当做好自身防护，佩戴必要的呼吸器具、救援器材。”

（8）设备调试。本环节作业安全风险及预控措施见表 3-8。

表 3-8　　设备调试作业安全风险及预控措施

序号	安全风险	风险等级	预控措施	易出现的问题	规程规范要求
1	管理不到位	一级	（1）配电线路和设备的高压试验应填用配电第一种工作票。 （2）设立专责监护人监视操作，仪器与被试设备连接后，检查无误后方可开始试验。 （3）被试验设备需拆开连接时，须做好标记，恢复时认真核对。 （4）工作结束认真检查，确保没有遗忘的工具、导线及其他物品在试验设备上。 （5）试验操作时，一人操作、一人监护，戴手套，防止被设备及仪器夹伤。 （6）必要时配备护目、护耳装备	（1）设备调试不办理工作票。 （2）未设置高压试验监护人监视操作。 （3）被试验设备需拆开连接的，在结束试验后未恢复或连接错误。 （4）工具及材料遗忘在设备上，造成设备故障。 （5）试验人员错误连接试验接线，造成试验设备及被试设备损坏。 （6）操作不当，人员被设备或仪器夹伤。 （7）被试设备在加压时损坏，造成异响，有损坏人员听力的风险	《国家电网公司电力安全工作规程（配电部分）（试行）》： “11.2.1　配电线路和设备的高压试验应填用配电第一种工作票。在同一电气连接部分，许可高压试验工作票前，应将已许可的检修工作票全部收回，禁止再许可第二张工作票。一张工作票中，同时有检修和试验时，试验前应得到工作负责人的同意。 7.13.1.2　进行系统调试作业前，应全面了解系统设备状态。对与运行设备有联系的系统进行调试应办理工作票，同时采取隔离措施，并设专人监护。

续表 3-8

序号	安全风险	风险等级	预控措施	易出现的问题	规程规范要求
1	管理不到位	一级			7.13.2.7 高压试验应有监护人监视操作，试验负责人许可后，方可加压。加压过程中，监护人传达口令应清楚准确，操作人员应复述应答。 11.2.2 因试验需要解开设备接头时，解开前应做好标记，重新连接后应检查。 11.2.8 试验结束后，试验人员应拆除自装的接地线和短路线，检查被试设备，恢复试验前的状态，经试验负责人复查后，清理现场。 7.13.2.15 试验结束后，应检查被试设备上有无遗忘的工具、导线及其他物品，拆除临时围栏或标志旗绳，并将被试设备恢复原状。”
2	触电	二级	（1）高压试验不得少于两人，试验负责人应由有经验的人员担任。试验现场应装设遮栏（围栏），遮栏（围栏）与试验设备高压部分应有足够的安全距离，向外悬挂“止步，高压危险！”标示牌。被试设备不在同一地点时，另一端还应设遮栏（围栏）并悬挂“止步，高压危险！”标示牌。 （2）高压试验操作人员应穿绝缘靴或站在绝缘台（垫）上，并戴绝缘手套	（1）试验现场未规范装设遮栏或围栏，未悬挂标示牌。非工作人员误入试验区域，造成触电伤害。 （2）人员着装不规范，未穿绝缘靴、未戴绝缘手套，发生人员触电风险。 （3）由一人进行试验，无人监护	（1）《国家电网公司电力安全工作规程（配电部分）（试行）》： “11.1.1 高压试验不得少于两人，试验负责人应由有经验的人员担任。试验前，试验负责人应向全体试验人员交代工作中的安全注意事项，邻近间隔、线路设备的带电部位。 11.2.5 试验现场应装设遮栏（围栏），遮栏（围栏）与试验设备高压部分应有足够的安全距离，向外悬挂‘止步，高压危险！’标示牌。被试设备不在同一地点时，另一端还应设遮栏（围栏）并悬挂‘止步，高压危险！’标示牌。” （2）《国家电网公司电力安全工作规程（电网建设部分）（试行）》： “7.13.2.8 高压试验操作人员应穿绝缘靴或站在绝缘台（垫）上，并戴绝缘手套。”

续表 3－8

序号	安全风险	风险等级	预控措施	易出现的问题	规程规范要求
3	残余电荷	二级	（1）试验装置的金属外壳应可靠接地。 （2）变更接线或试验结束，应断开试验电源，并将升压设备的高压部分放电、短路接地。 （3）应对设备充分放电，并测量绝缘电阻。加压端应做好安全措施，防止人员误入试验场所。另一端应设置围栏，并挂警示牌	（1）试验装置金属外壳不接地。 （2）试品试验前、试验后接拆线时未充分放电或未断开试验电源即更换接线。 （3）电缆耐压试验前，不对设备充分放电	《国家电网公司电力安全工作规程（配电部分）（试行）》： “11.2.3　试验装置的金属外壳应可靠接地；高压引线应尽量缩短，并采用专用的高压试验线，必要时用绝缘物支持牢固。 9.5.5　旁路电缆使用前应进行试验，试验后应充分放电。 10.2.4　二次回路通电或耐压试验前，应通知运维人员和其他有关人员，并派专人到现场看守，检查二次回路及一次设备上确无人工作后，方可加压。 11.2.6　试验应使用规范的短路线，加电压前应检查试验接线，确认表计倍率、量程、调压器零位及仪表的初始状态均正确无误后，通知所有人员离开被试设备，并取得试验负责人许可，方可加压。加压过程中应有人监护并呼唱，试验人员应随时警戒异常现象发生，操作人应站在绝缘垫上。 11.2.7　变更接线或试验结束，应断开试验电源，并将升压设备的高压部分放电、短路接地。 12.3.1　电缆耐压试验前，应先对被试电缆充分放电。加压端应采取措施防止人员误入试验场所；另一端应设置遮栏（围栏）并悬挂警告标示牌。若另一端是上杆的或是开断电缆处，应派人看守。”

（9）围栏安装。本环节作业安全风险及预控措施见表 3－9。

表 3－9　围栏安装作业安全风险及预控措施

序号	安全风险	风险等级	预控措施	易出现的问题	规程规范要求
1	管理不到位	一级	（1）围栏基础固定牢固，金属材质围栏与电力设备保持足够的安全距离。 （2）使用具有出厂合格证的围栏。 （3）紧固各处连接螺钉，围栏紧密相接。 （4）使用箱变隔离围栏隔离室外环网柜、环网箱等高压设备	（1）选材错误，没有按照规范选择相应材质围栏装设。 （2）高度不够，起不到防护作用。 （3）基础或固定不牢造成围栏倾倒。 （4）围栏存在质量问题	《国网山东省电力公司安全围栏设置规范要求》（鲁电安监〔2019〕416 号）： “箱变隔离围栏高度为 1500mm，颜色为黄色，采用镀锌方钢管喷塑工艺制作。”
2	触电	一级	（1）禁止跨越围栏，应由进出口进出。 （2）因工作需短时移动围栏时，完毕后应立即恢复。 （3）装设临时遮栏时，应与带电设备保持足够的安全距离	（1）施工人员跨越围栏。 （2）擅自移动或拆除遮栏（围栏）。 （3）围栏与带电设备安全距离不足	《国家电网公司电力安全工作规程（配电部分）（试行）》： “4.5.13　禁止越过遮栏（围栏）。 4.5.14　禁止作业人员擅自移动或拆除遮栏（围栏）、标示牌。因工作原因需短时移动或拆除遮栏（围栏）、标示牌时，应有人监护。完毕后应立即恢复。 4.5.9　部分停电的工作，小于表 3－1 规定距离以内的未停电设备，应装设临时遮栏，临时遮栏与带电部分的距离不得小于表 4－1 的规定数值。临时遮栏可用坚韧绝缘材料制成，装设应牢固，并悬挂‘止步，高压危险！’标示牌。”

（10）标示牌（安全警示牌、设备标示牌等）安装。本环节作业安全风险及预控措施见表3－10。

表3－10　　标示牌安装作业安全风险及预控措施

序号	安全风险	风险等级	预控措施	易出现的问题	规程规范要求
1	高处坠落	一级	（1）使用牢固完整、有防滑高限措施的梯子。梯子的支柱应能承受作业人员及所携带的工具、材料的总重量。 （2）硬质梯子的横档应嵌在支柱上，梯阶的距离不应大于400mm，并在距梯顶1m处设限高标志。 （3）使用单梯工作时，梯子与地面的斜角度为60°左右。 （4）上下梯子要有专人扶持或绑牢。 （5）在梯子上工作，上下传递标示牌、工具包时，应使用绳索传递，严禁上下抛掷	（1）使用不合格的登高梯子或携带重物登梯，导致梯子断裂，造成人身伤害。 （2）高处作业时不正确使用梯子或无人扶梯，导致梯子歪倒、翻倒或滑倒，造成人身伤害。 （3）在梯子上工作，上下传递物品未使用绳索，造成坠物伤人	《国家电网公司电力安全工作规程（配电部分）（试行）》： “17.4.1　梯子应坚固完整，有防滑措施。梯子的支柱应能承受攀登时作业人员及所携带的工具、材料的总重量。 17.4.2　单梯的横档应嵌在支柱上，并在距梯顶1m处设限高标志。使用单梯工作时，梯与地面的斜角度约为60°。 17.4.3　梯子不宜绑接使用。人字梯应有限制开度的措施。 17.4.4　人在梯子上时，禁止移动梯子。”
2	触电	二级	（1）安装时应与带电设备保持足够的安全距离，并设专人监护。 （2）压紧包带锁扣，并做扣好检查	（1）标示牌及附材误碰带电设备。 （2）用于绑扎标示牌钢包带尾部留余过长，造成安全隐患。 （3）锁扣不紧，标示牌下滑；标示牌安装不牢或者位置错误，脱落到带电设备上，造成事故。 （4）安装位置不醒目，不能有效警示	《国家电网公司电力安全工作规程（配电部分）（试行）》： “3.3.7.4 涂写杆塔号、安装标示牌等工作地点在杆塔最下层导线以下，并能够保持表3－1安全距离的工作。”
3	小型、临时、分散现场	一级	工作完工后，应清扫整理现场，工作负责人（包括小组负责人）应检查工作地段的状况，确认工作的配电设备和配电线路的杆塔、导线、绝缘子及其他辅助设备上没有遗留个人保安线和其他工具、材料	安装标示牌时遗落材料及工具在设备上	《国家电网公司电力安全工作规程（配电部分）（试行）》： “3.7.1　工作完工后，应清扫整理现场，工作负责人（包括小组负责人）应检查工作地段的状况，确认工作的配电设备和配电线路的杆塔、导线、绝缘子及其他辅助设备上没有遗留个人保安线和其他工具、材料，查明全部工作人员确由线路、设备上撤离后，再命令拆除由工作班自行装设的接地线等安全措施。接地线拆除后，任何人不得再登杆工作或在设备上工作。”

（11）收工会。本环节作业安全风险及预控措施见表 3－11。

表 3－11　　收工会作业安全风险及预控措施

序号	安全风险	风险等级	预控措施	易出现的问题	规程规范要求
1	管理不到位	一级	（1）开会时列队点名报数，确保现场施工人员全部到位。 （2）简明扼要地小结当天施工任务完成情况及安全规程执行的情况，表扬安全规程执行好的职工，批评违章操作的职工，作出处罚。 （3）对作出批评处罚的职工要做好思想工作，克服思想包袱和消极情绪。对当天施工中存在的问题，要进行分析，提出趋夷避险的措施，以便防患于未然	（1）开会时不点名，不清点施工人员，在施工人员不齐的情况下召开收工会。 （2）受到批评、处罚的职工存在消极情绪和思想包袱，影响以后的工作状态	《生产作业安全管控标准化工作规范（试行）》（国家电网安质〔2016〕356 号）： “4.9.1　班后会一般在工作结束后由班组长组织全体班组人员召开。 4.9.2　班后会应对作业现场安全管控措施落实及‘两票三制’执行情况总结评价，分析不足，表扬遵章守纪行为，批评忽视安全、违章作业等不良现象。”

（12）验收。本环节作业安全风险及预控措施见表 3－12。

表 3－12　　验收作业安全风险及预控措施

序号	安全风险	风险等级	预控措施	易出现的问题	规程规范要求
1	管理不到位	一级	（1）验收工作由设备运维管理单位或有关主管部门组织，作业单位及有关单位参与验收工作。 （2）验收人员应由有相关工程经验的人员参加，并掌握验收现场存在的风险和预控措施	（1）工程不验收，管控缺失，带缺陷送电，造成缺陷更大化。 （2）验收工作人员安全意识不强。 （3）验收人员技能水平不高，设备缺陷未查出	《生产作业安全管控标准化工作规范》（试行）（国网电网安质〔2016〕356 号）： “4.8.1　验收工作由设备运维管理单位或有关主管部门组织，作业单位及有关单位参与验收工作。 4.8.2　验收人员应掌握验收现场存在的危险点及预控措施，禁止擅自解锁和操作设备。 4.8.3　已完工的设备均视为带电设备，任何人禁止在安全措施拆除后处理验收发现的缺陷和隐患。”

续表 3－12

序号	安全风险	风险等级	预控措施	易出现的问题	规程规范要求
2	交通事故	二级	（1）机动车辆运输应按《中华人民共和国道路交通安全法》的相关规定执行。 （2）在交通要道附近验收项目时，注意行人及车辆	（1）车辆带病行驶。 （2）驾驶员存在超速行驶等其他违章行为	《中华人民共和国道路交通安全法》

（13）消缺。本环节作业安全风险及预控措施见表 3－13。

表 3－13　消缺作业安全风险及预控措施

序号	安全风险	风险等级	预控措施	易出现的问题	规程规范要求
1	管理不到位	一级	配电工作，需要将高压线路、设备停电或做安全措施者填用配电第一种工作票；高压配电工作，与邻近带电高压线路或设备的距离大于规程规定，不需要将高压线路、设备停电或做安全措施者使用配电第二种工作票；低压配电工作，不需要将高压线路、设备停电或做安全措施者使用低压工作票	消除缺陷时，不使用工作票或使用与工作不相符的工作票，安全措施不到位，造成人身伤害	《国家电网公司电力安全工作规程（配电部分）（试行）》： “3.3.2　填用配电第一种工作票的工作。 配电工作，需要将高压线路、设备停电或做安全措施者。 3.3.3　填用配电第二种工作票的工作。 高压配电（含相关场所及二次系统）工作，与邻近带电高压线路或设备的距离大于表 3－1 规定，不需要将高压线路、设备停电或做安全措施者。 3.3.5　填用低压工作票的工作。 低压配电工作，不需要将高压线路、设备停电或做安全措施者。”

（14）送电操作。本环节作业安全风险及预控措施见表 3–14。

表 3–14　送电操作作业安全风险及预控措施

序号	安全风险	风险等级	预控措施	易出现的问题	规程规范要求
1	管理不到位	一级	（1）严格按要求办理倒闸操作票。 （2）倒闸操作应根据值班调控人员或运维人员的指令，受令人复诵无误后执行。发布指令应准确、清晰，使用规范的调度术语和线路名称、设备双重名称。 （3）发令人、受令人、操作人员（包括监护人）均应具备相应资质。 （4）操作人和监护人应根据模拟图或接线图核对所填写的操作项目，分别手工或电子签名	（1）无指令操作，操作步骤错误，造成严重误操作事故。 （2）发令人、受令人、操作人员（包括监护人）不具备相应资质。 （3）填写操作票前不进行模拟操作，造成操作项目漏项	《国家电网公司电力安全工作规程（配电部分）（试行）》： “5.2.4.1　倒闸操作应根据值班调控人员或运维人员的指令，受令人复诵无误后执行。发布指令应准确、清晰，使用规范的调度术语和线路名称、设备双重名称。 5.2.4.2　发令人和受令人应先互报单位和姓名，发布指令的全过程（包括对方复诵指令）和听取指令的报告时，高压指令应录音并做好记录，低压指令应做好记录。 5.2.4.3　操作人员（包括监护人）应了解操作目的和操作顺序。对指令有疑问时应向发令人询问清楚无误后执行。 5.2.4.4　发令人、受令人、操作人员（包括监护人）均应具备相应资质。 5.2.5.1　高压电气设备倒闸操作一般应由操作人员填用配电倒闸操作票。每份操作票只能用于一个操作任务。 5.2.5.3　操作人和监护人应根据模拟图或接线图核对所填写的操作项目，分别手工或电子签名。”
2	误操作	二级	（1）倒闸操作前，应核对线路名称、设备双重名称和状态。 （2）现场倒闸操作应执行唱票、复诵制度，宜全过程录音。操作人应按操作票填写的顺序逐项操作，每操作完一项，应检查确认后做一个“√”记号，全部操作完	（1）不核对线路及设备双重名称；不唱票、复诵。 （2）未清点核对所拆除接地线，发生带接地合开关	《国家电网公司电力安全工作规程（配电部分）（试行）》： “5.2.5.6　停电拉闸操作应按照断路器（开关）—负荷侧隔离开关（刀闸）—电源侧隔离开关（刀闸）的顺序依次进行，送电合闸操作应按与上述相反的顺序进行。禁止带负荷拉合隔离开关（刀闸）。

序号	安全风险	风险等级	预控措施	易出现的问题	规程规范要求
2	误操作	二级	毕后进行复查。复查确认后，受令人应立即汇报发令人。 （3）设备检修后、合闸送电前，检查确认送电范围内接地开关已拉开、接地线已拆除		5.2.6.1　倒闸操作前，应核对线路名称、设备双重名称和状态。 5.2.6.2　现场倒闸操作应执行唱票、复诵制度，宜全过程录音。操作人应按操作票填写的顺序逐项操作，每操作完一项，应检查确认后做一个‘√’记号，全部操作完毕后进行复查。复查确认后，受令人应立即汇报发令人。”
3	触电	二级	（1）操作人员必须戴绝缘手套、穿绝缘靴。 （2）配电设备操作后的位置检查应以设备实际位置为准；无法看到实际位置时，应通过间接方法如设备机械位置指示、电气指示、带电显示装置、仪表及各种遥测、遥信等信号的变化来判断设备位置。 （3）禁止约时停、送电	（1）操作人员不穿绝缘靴、不戴绝缘手套。 （2）操作前，不对配电箱（盘、柜）体验电。 （3）不按计划送电时间恢复供电。 （4）设备操作后，不检查状态是否接触良好，造成触点虚接，运行后出现损坏	《国家电网公司电力安全工作规程（配电部分）（试行）》： “5.2.6.7　配电设备操作后的位置检查应以设备实际位置为准；无法看到实际位置时，应通过间接方法如设备机械位置指示、电气指示、带电显示装置、仪表及各种遥测、遥信等信号的变化来判断设备位置。判断时，至少应有两个非同样原理或非同源的指示发生对应变化，且所有这些确定的指示均已同时发生对应变化，方可确认该设备已操作到位。检查中若发现其他任何信号有异常，均应停止操作，查明原因。若进行遥控操作，可采用上述的间接方法或其他可靠的方法判断设备位置。对部分无法采用上述方法进行位置检查的配电设备，各单位可根据自身设备情况制订检查细则。

续表 3－14

序号	安全风险	风险等级	预控措施	易出现的问题	规程规范要求
3	触电	二级			5.2.6.10　操作机械传动的断路器（开关）或隔离开关（刀闸）时，应戴绝缘手套。操作没有机械传动的断路器（开关）、隔离开关（刀闸）或跌落式熔断器，应使用绝缘棒。雨天室外高压操作，应使用有防雨罩的绝缘棒，并穿绝缘靴、戴绝缘手套。 5.2.9.1　操作人员接触低压金属配电箱（表箱）前应先验电。 3.4.11　禁止约时停、送电。”

4 设备材料运输

配电网设备材料运输作业安全风险及预控措施见表 4－1。

表 4－1　　配电网设备材料运输作业安全风险及预控措施

序号	安全风险	风险等级	预控措施	易发生的问题	规程规范要求
1	管理不到位	一级	（1）驾驶员必须持有交通部门、主管部门核发的驾驶证、上岗证。 （2）出车前检查车辆行驶证、通行证等各类证件齐全，以备交通管理部门检查。 （3）运输前，必须指定专人对运输道路进行勘察，确定运输路线，对沿途的坡路、弯路、便桥、涵洞等运输车辆不能通过的应绕行，并向驾驶员、运输人员交代清楚，必要时竖立标示牌。 （4）出车前驾驶员应对车辆的各个部位进行详细的检查，如：检查燃油、冷却水是否充足，机油油位是否合适，轮胎气压是否合适，灯光、转向、喇叭是否正常	（1）驾驶员个人条件不合格，造成交通事故。 （2）车辆行驶证、通行证不全或过期，造成无法正常上路行驶。 （3）出车前对车辆检查不到位造成交通事故或延误工作。 （4）运输变压器、JP 柜、水泥杆时，未对道路进行勘察，造成设备损坏、人身伤害	《中华人民共和国道路交通安全法》： “第十一条　驾驶机动车上道路行驶，应当悬挂机动车号牌，放置检验合格标志、保险标志，并随车携带机动车行驶证。 机动车号牌应当按照规定悬挂并保持清晰、完整，不得故意遮挡、污损。 第十九条　驾驶机动车，应当依法取得机动车驾驶证。 第二十一条　驾驶人驾驶机动车上道路行驶前，应当对机动车的安全技术性能进行认真检查；不得驾驶安全设施不全或者机件不符合技术标准等具有安全隐患的机动车。”

续表 4－1

序号	安全风险	风险等级	预控措施	易发生的问题	规程规范要求
2	交通事故	二级	（1）车辆行驶途中认真遵守交通规则，严禁闯红灯、压实线、超速行驶。 （2）乘车人员严禁将头、手伸出车外。 （3）雨天、雾天行驶时，驾驶员应提高警惕注意前方情况，靠右侧行驶，适当增加车距，打开防雾灯和示宽灯，鸣喇叭，提示车辆和行人，严禁盲目超车。 （4）驾驶员行车要严格控制车速，泥泞道路要避免紧急制动，防止侧滑。 （5）要保证雨刷器正常工作，确保视线良好。 （6）车辆行驶中注意路和桥涵是否有松软和坍塌。 （7）通过漫水路面前应探明路况，路面水深超过汽车排气管时，不得强行通过；涉水后要轻踩制动踏板，检查车辆的制动效应。 （8）雨天在山区行车特别要注意山体滑坡和路基塌陷，必要时应选择安全地带停车，并做好安全警示标志，防止车辆追尾造成的伤害。 （9）冰雪路面行车应严格控制车速，适当地增加行车的横向间距和采用发动机制动的方法制动。 （10）驾驶员应保持身体及精神状态良好，严禁疲劳驾驶、酒后驾驶	（1）行驶过程中不遵守交通规则，造成交通事故。 （2）雨天、雾天行车，路滑、视线不清，造成交通事故和人身伤害。 （3）冬季冰雪路面行车，因路面湿滑，车辆发生侧滑失控，造成人身伤害。 （4）疲劳驾驶、酒后驾驶导致交通事故	《中华人民共和国道路交通安全法》： “第四十二条　机动车上道路行驶，不得超过限速标志标明的最高时速。在没有限速标志的路段，应当保持安全车速。 夜间行驶或者在容易发生危险的路段行驶，以及遇有沙尘、冰雹、雨、雪、雾、结冰等气象条件时，应当降低行驶速度。 第四十三条　同车道行驶的机动车，后车应当与前车保持足以采取紧急制动措施的安全距离。有下列情形之一的，不得超车： （一）前车正在左转弯、掉头、超车的； （二）与对面来车有会车可能的； （三）前车为执行紧急任务的警车、消防车、救护车、工程救险车的； （四）行经铁路道口、交叉路口、窄桥、弯道、陡坡、隧道、人行横道、市区交通流量大的路段等没有超车条件的。 第四十八条　机动车载物应当符合核定的载质量，严禁超载；载物的长、宽、高不得违反装载要求，不得遗洒、飘散载运物。 第四十九条　机动车载人不得超过核定的人数，客运机动车不得违反规定载货。 第五十一条　机动车行驶时，驾驶人、乘坐人员应当按规定使用安全带，摩托车驾驶人及乘坐人员应当按规定戴安全头盔。”

续表 4－1

序号	安全风险	风险等级	预控措施	易发生的问题	规程规范要求
3	高空坠物、物体打击、机械伤害	二级	（1）装运电杆应绑扎牢固，并用绳索绞紧，防止移动伤人。 （2）杆塔运输时，装卸方法应正确，防止人员砸伤。 （3）搬运的过道应平坦畅通，夜间搬运应有足够的照明。若需经过山地陡坡或凹凸不平之处，应预先制订运输方案，采取必要的安全措施。 （4）装卸电杆等物件应采取措施，防止散堆伤人。分散卸车时，每卸一根之前，应防止其余杆件滚动；每卸完一处，应将车上其余的杆件绑扎牢固后，方可继续运送。 （5）使用机械牵引杆件上山时，应将杆身绑牢，钢丝绳不得触磨岩石或坚硬地面，牵引路线两侧 5m 以内，不得有人逗留或通过。 （6）设备、材料应分区有序放置，避开交通道口，四周设置围栏和警示标志	（1）装运电杆，未绑扎或绑扎不牢固。 （2）装卸材料、设备方法不正确。 （3）夜间搬运，没有足够的照明。 （4）装卸材料、设备时没有采取措施，散堆伤人。 （5）每卸完一处，未将车上其余的杆件绑扎牢固。 （6）牵引电杆路线两侧 5m 以内，有人逗留或通过。 （7）未设置围栏及警示标志，行人、车辆经过时发生碰撞	（1）《国家电网公司电力安全工作规程（电网建设部分）（试行）》： “4.4.1.5　装运超长、超高或重大物件时应遵守下列规定： a）物件重心与车厢承重中心应基本一致。 b）易滚动的物件顺其滚动方向应掩牢并捆绑牢固。 c）用超长架装载超长物件时，在其尾部应设警告标志；超长架与车厢固定，物件与超长架及车厢应捆绑牢固。 d）押运人员应加强途中检查，捆绑松动应及时加固。 4.4.1.6　运输电缆盘时，盘上的电缆头应固定牢固，应有防止电缆盘在车、船上滚动的措施。卸电缆盘不能从车、船上直接推下。滚动电缆盘的地面应平整，滚动电缆盘应顺着电缆缠紧方向，破损的电缆盘不应滚动。电缆盘放置时应立放，并采取防止滚动措施。” （2）《国家电网公司电力安全工作规程（配电部分）（试行）》： “16.3.2　装运电杆、变压器和线盘应绑扎牢固，并用绳索绞紧。水泥杆、线盘的周围应塞牢，防止滚动、移动伤人。运载超长、超高或重大物件时，物件重心应与车厢承重中心基本一致，超长物件尾部应设标志。禁止客货混装。 16.3.3　装卸电杆等物件应采取措施，防止散堆伤人。分散卸车时，每卸一根之前，应防止其余杆件滚动；每卸完一处，应将车上其余的杆件绑扎牢固后，方可继续运送。”

序号	安全风险	风险等级	预控措施	易发生的问题	规程规范要求
3	高空坠物、物体打击、机械伤害	二级			（3）《国家电网公司电力安全工作规程（电网建设部分）（试行）》： “4.4.3　人力运输和装卸 4.4.3.1　人力运输的道路应事先清除障碍物；山区抬运笨重物件或钢筋混凝土电杆的道路，其宽度不宜小于 1.2m，坡度不宜大于 1:4，如不满足要求，应采取有效的方案作业。 4.4.3.2　重大物件不得直接用肩扛运；多人抬运时应步调一致，同起同落，并应有人指挥。 4.4.3.3　运输用的工器具应牢固可靠，每次使用前应进行认真检查。 4.4.3.4　雨雪后抬运物件时，应有防滑措施。 4.4.3.5　用跳板或圆木装卸滚动物件时，应用绳索控制物件。物件滚落前方禁止有人。 4.4.3.6　钢筋混凝土电杆卸车时，车辆不得停在有坡度的路面上。每卸一根，其余电杆应掩牢；每卸完一处，剩余电杆绑扎牢固后方可继续运输。”
4	爆炸	一级	（1）应严格按照要求运输、存放与使用各类气瓶，不得与易燃、易爆物品混装。 （2）运输车辆应配置灭火器材，驾驶及押运人员应正确掌握没货器材使用方法。 （3）气瓶装卸、运输过程禁止烟火	未按要求运输、存放与使用各类气瓶，发生事故	《国家电网公司电力安全工作规程（电网建设部分）（试行）》： “4.6.4.1.1　气瓶运输前应旋紧瓶帽。应轻装轻卸，禁止抛、滑或碰击。 4.6.4.1.2　气瓶的搬运应使用专门的台架或手推车。

续表 4－1

序号	安全风险	风险等级	预控措施	易发生的问题	规程规范要求
4	爆炸	一级			4.6.4.1.3　汽车装运时，氧气瓶应横向卧放，头部朝向一侧，并应垫牢，装载高度不得超过车厢高度；乙炔瓶应直立排放，车厢高度不得低于瓶高的 2/3。气瓶押运人员应坐在司机驾驶室内，不得坐在车厢内。 4.6.4.1.4　车上禁止烟火，运输乙炔气瓶的车上应备有相应的灭火器具。 4.6.4.1.5　易燃品、油脂和带油污的物品不得与氧气瓶同车运输。禁止氧气瓶与乙炔瓶同车运输。”